国网河北省电力有限公司技能等级评价培训教材

“全能型”供电所员工综合业务理论知识及技能操作题库

国网河北省电力有限公司人力资源部 编

主　编：周敬巍　李金宝　崔江敏

参　编：高　岩　陈铁雷　王英杰　傅拥钢　李　泉
常俊鑫　苏　召　王　彦　祝　波　石玉荣
邢金荣　郭　超　王立娜　孙　静　孙腾超
程　凯　魏向阳　李国良　刘新宇　刘连岐
张清思　张　欣　温曦昆　杨顺尧　李红海

西安交通大学出版社
XI'AN JIAOTONG UNIVERSITY PRESS

图书在版编目(CIP)数据

"全能型"供电所员工综合业务理论知识及技能操作题库 / 国网河北省电力有限公司人力资源部编. —西安：西安交通大学出版社，2021.9(2023.4 重印)
ISBN 978-7-5693-2152-4

Ⅰ. ①全… Ⅱ. ①国… Ⅲ. ①供电-技术培训-习题集 Ⅳ. ①TM72-44

中国版本图书馆 CIP 数据核字(2021)第 058201 号

"全能型"供电所员工综合业务理论知识及技能操作题库
Quannengxing Gongdiansuo Yuangong Zonghe Yewu
Lilun Zhishi ji Jineng Caozuo Tiku

国网河北省电力有限公司人力资源部 编
ISBN 978-7-5693-2152-4

策划编辑 曹昳　责任编辑 曹昳 王帆　责任校对 杨璠

西安交通大学出版社 出版发行
（西安市兴庆南路 1 号 邮政编码 710048）
http://www.xjtupress.com
029-82668315（总编办） 029-82667874（市场营销中心）
029-82668804（投稿热线） 029-82665248（订购热线）

西安五星印刷有限公司 印刷

版次 2021 年 9 月第 1 版　印次 2023 年 4 月第 2 次印刷
开本 787 mm × 1092 mm 1/64　印张 3.25 字数 100 千字
定价 16.80 元

前　言

为建立与“全能型”供电所员工岗位履职相适应的技能评价模式，本书编写组以《国家电网有限公司关于印发“全能型”乡镇供电所完善提升2019—2020年行动计划的通知》为依据，结合河北公司生产实际，编制供电所员工遇到常见问题的“口袋书”，“口袋书”采取问答的形式，其内容基本涵盖了客户日常提出的问题，方便供电所员工日常携带。

编　者

2021年6月

目　录

配电线路及设备运行维护类

电力电缆类

仪 表 类

电能计量类

监控查询类

采集业务类

HPLC 模块类

业务受理

电费电价类

咨询及其他类

互联网 ＋ 新业务

配电线路及设备运行维护类

1. 380 V 低压电力用户的电压允许偏差是多少？

（DL/T 499—2001《农村低压电力技术规程》3.3.2）

【答案】380 V 低压电力用户的电压允许偏差是±7%。

2. 220 V 低压照明用户的电压允许偏差是多少？

（DL/T 499—2001《农村低压电力技术规程》3.3.2）

【答案】220 V 低压照明用户的电压偏移标准是+7%～-10%。

3. 10 kV 配电线路故障分为哪几种？

（《国家电网公司生产技能人员职业能力培训专用教材》）

【答案】10 kV 配电线路故障分为短路和断路两种。其中，短路又分为接地和相间短路。

4. 接地故障分为哪几种？主要原因有哪些？

（《国家电网公司生产技能人员职业能力培训专用教材》）

【答案】10 kV 配电线路接地分为永久性接地和瞬间接地。主要是由倒断杆、接点过热、雷击、树碰线或外力破坏等因素导致的。

5. 造成 10 kV 配电线路断路的原因有哪些？

（《国家电网公司生产技能人员职业能力培训专用教材》）

【答案】10 kV 配电线路断路，主要是由倒断杆、接点过热、雷击或外力破坏等因素使导线断开，但未形成回路，影响正常供电。

6. 10 kV 架空配电线路绝缘电阻值多少才符合运行要求？

（DL/T 5220—2005《10 kV 及以下架空配电线路设计技术规程》9.0.7）

【答案】10 kV 架空配电线路绝缘电阻值至少为 300 MΩ 才符合运行要求。

7. 架空线路导线过引线、引下线对电杆构件、拉线、电杆间的净空距离是多少？

（DL/T 5220—2005《10 kV 及以下架空配电线路设计技术规程》9.0.12）

【答案】导线过引线、引下线对电杆构件、拉线、电杆间的净空距离是：1 kV～10 kV 不应小于 0.2 m，1 kV 以下不应小于 0.1 m。

8. 搭接或压接的导线接点距导线固定点的距离是多少？

（DL/T 5220—2005《10 kV 及以下架空配电线路设计技术规程》9.0.7）

【答案】搭接或压接的导线接点应距固定点 0.5 m。

9. 配电线路的相序是如何规定的？

（《“全能型”乡镇供电所岗位培训教材·台区经理》）

【答案】导线的排列次序，面向负荷侧从左至右，高压配电线路为 A、B、C 相；低压配电线路为 A、

N、B、C相。

10. 配电线路巡视的目的是什么？

（《国家电网公司生产技能人员职业能力培训专用教材》）

【答案】（1）及时发现设备缺陷和威胁线路安全运行的隐患；（2）掌握线路运行状况和沿线的环境状况；（3）为线路检修和消缺提供依据。

11. 夜间或大风天巡线时应注意哪些事项？

（《国家电网公司生产技能人员职业能力培训专用教材》）

【答案】夜间巡线应沿线路外侧进行；大风巡线应沿线路上风侧前进，以免触及断落的导线。

12. 10 kV 及以下的电力线路在同一档距内，每根导线允许有几个接头？

（《国家电网公司生产技能人员职业能力培训专用教材》）

【答案】10 kV 及以下的电力线路在同一档距内，每根导线允许有一个接头，接头距导线固定点不能小于 0.5 m，当有防震装置时，应在防震装置以外。

13. 巡视人员发现缺陷应如何处理？

（《国家电网公司生产技能人员职业能力培训专用教材》）

【答案】巡视人员发现缺陷后，应将缺陷登记在缺陷记录上，并上报运行管理单位技术负责人。

14. 10kV 及以下电压等级的架空导线经过居民区时，导线最大计算弧垂情况下与地面的最小距离是多少？

（DL/T 5220—2005《10 kV 及以下架空配电线路设计技术规程》13.0.2）

【答案】当电压为 1 kV～10 kV 时，导线最大计算弧垂情况下与地面的最小距离为 6.5 m；当电压在 1 kV 以下时，距离不应小于 6 m。

15. 10kV 及以下电压等级的架空导线经过居民区时，导线最大计算弧垂情况下与永久建筑物之间的最小垂直距离是多少？

（DL/T 5220—2005《10 kV 及以下架空配电线路

设计技术规程》13.0.4）

【答案】当电压为 1 kV～10 kV 时，导线最大计算弧垂情况下与永久建筑物之间的最小垂直距离（相邻建筑物无门窗或实墙）为 3.0（2.5）m，当电压在 1 kV 以下时，距离不应小于 2.5（2.0）m。

16. 10 kV 及以下电压等级的架空导线经过居民区时，导线最大计算弧垂情况下与永久建筑物之间的最小水平距离是多少？

（DL/T 5220—2005《10 kV 及以下架空配电线路设计技术规程》13.0.4）

【答案】当电压为 1 kV～10 kV 时，导线最大计算弧垂情况下与永久建筑物之间的最小水平距离（相邻建筑物无门窗或实墙）为 1.5（0.75）m；当电压在 1 kV 以下时，距离不应小于 1.0（0.2）m。

17. 接户线与上方阳台或窗户的垂直距离是多少？

（DL/T 5220—2005《10 kV 及以下架空配电线路设计技术规程》14.0.7）

【答案】接户线与上方阳台或窗户的垂直距离不小于 0.8 m。

18. 接户线与下方阳台或窗户的垂直距离是多少？

（DL/T 5220—2005《10 kV 及以下架空配电线路设计技术规程》14.0.7）

【答案】接户线与下方阳台或窗户的垂直距离不小于 0.3 m。

19. 接户线与阳台或窗户的水平距离是多少？

（DL/T 5220—2005《10 kV 及以下架空配电线路设计技术规程》14.0.7）

【答案】接户线与阳台或窗户的水平距离不小于 0.75 m。

20. 低压接户线在弱电线路上方时距离是多少？

（DL/T 5220—2005《10 kV 及以下架空配电线路设计技术规程》14.0.8）

【答案】低压接户线在弱电线路上方时距离不小于 0.6 m。

21. 低压接户线在弱电线路下方时距离是多少？

（DL/T 5220—2005《10 kV 及以下架空配电线路设计技术规程》14.0.8）

【答案】低压接户线在弱电线路下方时距离不小于0.3 m。

22. 铝绞线断股损伤截面占总面积的多少时，可缠绕处理？

（DL/T 499—2001《农村低压电力技术规程》6.2.7）

【答案】铝绞线断股损伤截面占总面积的 5 %～10 %时，可缠绕处理，缠绕长度应超过损伤部位两端100 mm。

23. 铝绞线断股损伤截面占总面积的多少时，可用相同规格导线绑扎处理？

（DL/T 499—2001《农村低压电力技术规程》6.2.7）

【答案】铝绞线断股损伤截面占总面积的 10 %～20 %时，应辅以同规格导线后绑扎。

24. 铝绞线断股损伤截面超过总面积的多少时，应剪断重接？

（DL/T 499—2001《农村低压电力技术规程》

6.2.7）

【答案】铝绞线断股损伤截面超过总面积的 20 % 以上时，应剪断重接。

25. 杆塔偏离线路中心线不应大于多少？

（《架空配电线路及设备运行规程》3.2.1）

【答案】杆塔偏离线路中心线不应大于 0.1 m。

26. 水泥杆的拔梢度是多少？

（DL/T 5220—2005《10 kV 及以下架空配电线路设计技术规程》）

【答案】水泥杆的拔梢度为 1/75。（即电杆从杆稍处每下降 1 m 电杆直径增加 13.33 mm。一般电杆梢头直径为 150 mm 或 190 mm。）

27. 终端杆应向拉线侧倾斜，杆头倾斜最多不超过多少？

（DL/T 5220—2005《10 kV 及以下架空配电线路设计技术规程》）

【答案】终端杆应向拉线侧倾斜，杆头倾斜最多不超过 200 mm。

28. 混凝土电杆横向裂纹不宜超过周长的多少，且裂纹宽度不宜大于多少？

（《架空配电线路及设备运行规程》3.2.1）

【答案】混凝土电杆横向裂纹不宜超过周长的1/3，且裂纹宽度不宜大于0.5 mm。

29. 混凝土电杆能否有纵向裂纹？

（DL/T 499—2001《农村低压电力技术规程》6.6.4）

【答案】混凝土电杆不应有纵向裂纹。

30. 水泥电杆埋深为多少？

（DL/T 499—2001《农村低压电力技术规程》6.6.5）

【答案】电杆的埋设深度，应根据土质及负荷条件计算确定，但不应小于杆长的1/6。

31. 配电变压器中性点的工作接地电阻，当配电变压器小于 100 kV · A 时，接地电阻为多少？

（DL/T 5220—2005《10 kV 及以下架空配电线路设计技术规程》12.0.9）

【答案】配电变压器中性点的工作接地电阻，当配电变压器小于 100 kV·A 时，接地电阻可不大于 10 Ω。

32. 配电变压器中性点的工作接地电阻，当配电变压器大于 100 kV·A 时，接地电阻为多少？

（DL/T 5220—2005《10 kV 及以下架空配电线路设计技术规程》12.0.9）

【答案】配电变压器中性点的工作接地电阻，当配电变压器大于 100 kV·A 时，接地电阻应不大于 4 Ω。

33. 当变压器二次负荷侧电压偏低时，变压器分接开关应拨到哪个挡位？

（《变压器工作原理》）

【答案】当变压器二次负荷侧电压偏低，变压器分接开关在Ⅱ挡时，应拨到Ⅲ挡。（注意：调分接开关之前，分接开关应多旋转几次，清除分接开关触点上的氧化膜，否则，触头处易造成接触不良，烧毁变压器。）

34. 当变压器二次负荷侧电压偏高时，变压器分接开关应拨到那个挡位？

（《变压器工作原理》）

【答案】当变压器二次负荷侧电压偏高，变压器分接开关在Ⅱ挡时，应拨到Ⅰ挡。

35. 什么是紧急缺陷？

（《“全能型”乡镇供电所岗位培训教材 · 台区经理》）

【答案】紧急缺陷是指严重程度已使设备不能继续安全运行，随时可能导致发生事故和危及人身安全的缺陷，必须立即消除或采取必要的安全技术措施进行临时处理。

36. 单一金属导线断股或截面损伤超过总截面的多少为紧急缺陷？

（《“全能型”乡镇供电所岗位培训教材 · 台区经理》）

【答案】单一金属导线断股或截面损伤超过总截面的 25 %为紧急缺陷。

37. 钢芯铝绞线断股或损伤超过总截面的多少为紧急缺陷？

（《“全能型”乡镇供电所岗位培训教材·台区经理》）

【答案】钢芯铝绞线的铝线断股或损伤超过总截面的50%为紧急缺陷。

38. 水泥杆倾斜度超过多少时为紧急缺陷？

（《“全能型”乡镇供电所岗位培训教材·台区经理》）

【答案】水泥杆倾斜度超过15°时为紧急缺陷。

39. 水泥杆受外力作用产生错位变形、露筋超过圆周长多少时为紧急缺陷？

（《“全能型”乡镇供电所岗位培训教材·台区经理》）

【答案】水泥杆受外力作用产生错位变形、露筋超过1/3圆周长为紧急缺陷。

40. 什么是重大缺陷？

（《“全能型”乡镇供电所岗位培训教材·台区

经理》）

【答案】重大缺陷是指设备明显有伤、变形，或有潜在的危险，缺陷比较严重，但设备仍可在短期内继续安全运行，该缺陷应在短期内消除，消除前要加强巡视。

41. 单一金属导线断股或截面损伤超过总截面的多少为重大缺陷?

（《“全能型”乡镇供电所岗位培训教材·台区经理》）

【答案】单一金属导线断股或截面损伤超过总截面的17%为重大缺陷。

42. 钢芯铝绞线断股或损伤超过总截面的多少为重大缺陷?

（《“全能型”乡镇供电所岗位培训教材·台区经理》）

【答案】钢芯铝绞线的铝线断股或损伤超过总截面的25%为重大缺陷。

43. 水泥杆倾斜度超过多少时为重大缺陷?

（《“全能型”乡镇供电所岗位培训教材·台区经理》）

【答案】水泥杆倾斜度超过 10° 时为重大缺陷。

44. 水泥杆受外力作用产生错位变形、露筋超过圆周长多少时为重大缺陷？

（《“全能型”乡镇供电所岗位培训教材·台区经理》）

【答案】水泥杆受外力作用产生错位变形、露筋超过 1/4 圆周长（或截面积超过 10 cm^2）为重大缺陷。

45. 什么是一般缺陷？

（《“全能型”乡镇供电所岗位培训教材·台区经理》）

【答案】一般缺陷是指设备状况不符合规程标准和施工工艺要求，但对近期安全运行影响不大的缺陷，可在年、季、月检修计划或日常维护中得以消除。

46. 单一金属导线断股或截面损伤为总截面的多少为一般缺陷？

（《“全能型”乡镇供电所岗位培训教材 · 台区经理》）

【答案】单一金属导线断股或截面损伤不超过总截面的17 %为一般缺陷。

47. 钢芯铝绞线断股或损伤为总截面的多少为一般缺陷？

（《“全能型”乡镇供电所岗位培训教材 · 台区经理》）

【答案】钢芯铝绞线的铝线断股或损伤为总截面的 25 %以下时为一般缺陷。

48. 水泥杆倾斜度超过多少时为一般缺陷？

（《“全能型”乡镇供电所岗位培训教材 · 台区经理》）

【答案】水泥杆倾斜度超过5°时为一般缺陷。

49. 水泥杆纵向裂纹长度、宽度，横向裂纹长度、宽度超过多少时为一般缺陷？

（《“全能型”乡镇供电所岗位培训教材 · 台区经理》）

【答案】水泥杆纵向裂纹长度超过 1.5 m、宽度超过 2 mm，横向裂纹超过 2/3 周长、宽度超过 1 mm 时为一般缺陷。

50. 紧急缺陷应在多长时间内消除？

（《“全能型”乡镇供电所岗位培训教材 · 台区经理》）

【答案】紧急缺陷的处理一般不超过 24h。（采取必要的安全技术措施进行临时处理。）

51. 重大缺陷应在多长时间内消除？

（《“全能型”乡镇供电所岗位培训教材 · 台区经理》）

【答案】重大缺陷应在短期（72h）内消除，消除前应加强巡视。

52. 剩余电流动作保护器对安装场所有何要求？

（GB/Z 6829—2008《剩余电流动作保护电器的一般要求》）

【答案】剩余电流动作保护器的安装场所应无爆炸危险、无腐蚀性气体，并注意防潮、防尘、防震动和避免日晒。

53. 剩余电流动作保护器对安装位置有何要求？

（GB/Z 6829—2008《剩余电流动作保护电器的一般要求》）

【答案】剩余电流动作保护器的安装位置应避开强电流电线和电磁器件，避免磁场干扰。

54. 家用、固定安装电器，移动式电器，携带式电器以及临时用电设备剩余电流保护器漏电动作电流值为多少？

（GB/Z 6829—2008《剩余电流动作保护电器的一般要求》）

【答案】家用电器、固定安装电器、移动式电器、携带式电器以及临时用电设备剩余电流保护器漏电动作电流值不应大于30 mA。

55. 手持电动器具剩余电流保护器漏电动作电流值为多少？

（GB/Z 6829—2008《剩余电流动作保护电器的一般要求》）

【答案】手持电动器具剩余电流保护器漏电动作电流值为 10 mA，特别潮湿的场所为 6 mA。

56. 装设在进户线上的剩余电流动作保护器，其室内配线的绝缘电阻为多少？

（GB/Z 6829—2008《剩余电流动作保护电器的一般要求》）

【答案】装设在进户线上的剩余电流动作保护器，其室内配线的绝缘电阻：晴天不宜小于 0.5 MΩ；雨天不宜小于 0.08 MΩ。

57. 剩余电流动作保护器安装后怎样进行试验？

（GB/Z 6829—2008《剩余电流动作保护电器的一般要求》）

【答案】剩余电流动作保护器安装后作如下试验：①带负荷拉合三次，不得有误动作；②用试验按钮试跳三次，应正确动作；③各相用试验电阻（1 kΩ）接地试验三次，应正确动作。

58. 剩余电流动作保护器多长时间试验一次？

（GB/Z 6829—2008《剩余电流动作保护电器的一

般要求》）

【答案】剩余电流动作保护器每月至少试验一次。

59. 功率因数对供配电系统有什么影响？

（《“全能型”乡镇供电所岗位培训教材·通用知识》）

【答案】在供电系统中，绝大多数电子设备均属于感性负荷，如变压器、电动机等。这些设备在运行过程中，不仅消耗有功功率，而且也消耗部分无功功率。如果无功功率过大，会使供电系统的功率因数过低，从而给电力系统带来增大线路和变压器的功率及电能损耗；使线路电压损失增大，造成供电质量降低；也会使供电设备的供电能力降低。

60. 什么叫低压集中补偿？

（《“全能型”乡镇供电所岗位培训教材·通用知识》）

【答案】在配电变压器 0.4 kV 低压母线处装上一系列补偿，属于集中补偿。

61. 什么叫分散补偿？

（《“全能型”乡镇供电所岗位培训教材·通用知识》）

【答案】在配电线路的电杆上进行固定补偿，属于分散补偿。

62. 按用途和控制对象的不同，低压电器分为几类？

（《“全能型”乡镇供电所岗位培训教材·通用知识》）

【答案】按用途和控制对象不同，可将低压电器分为配电电器和控制电器两类。

63. 用于低压配电系统的配电电器包括哪些？

（《“全能型”乡镇供电所岗位培训教材·通用知识》）

【答案】用于低压配电系统的配电电器包括隔离开关、组合开关、空气断路器和熔断器等，主要用于低压配电系统及动力设备的接通与分断。

64. 用于电力拖动及自动控制系统的控制电器包

括哪些？

（《“全能型”乡镇供电所岗位培训教材·通用知识》）

【答案】用于电力拖动及自动控制系统的控制电器包括接触器、启动器和各种控制继电器等。

电力电缆类

65. 电缆线路多长时间巡视一次？

（《“全能型”乡镇供电所岗位培训教材·通用知识》）

【答案】一般电缆线路每3个月至少巡视一次。

66. 无铠装的电缆在屋内明敷，当水平敷设时，其至地面的距离不应小于多少？

（GB 50054—2011《低压配电设计规范》7.6.8）

【答案】无铠装的电缆在屋内明敷，当水平敷设时，其至地面的距离不应小于2.5 m。

67. 无铠装的电缆在屋内明敷，当垂直敷设时，其至地面的距离不应小于多少？

（GB 50054—2011《低压配电设计规范》7.6.8）

【答案】无铠装的电缆在屋内明敷，当垂直敷设时，其至地面的距离不应小于 1.8 m。

68. 相同电压的电缆并列明敷时，电缆的净距不应小于多少？

（GB 50054—2011《低压配电设计规范》7.6.9）

【答案】相同电压的电缆并列明敷时，电缆的净距不应小于 35 mm。

69. 1 kV 及以下电力电缆及控制电缆与 1 kV 以上的电力电缆宜分开敷设，当并列明敷时，其净距不应小于多少？

（GB 50054—2011《低压配电设计规范》7.6.10）

【答案】1 kV 及以下电力电缆及控制电缆与 1 kV 以上的电力电缆宜分开敷设，当并列明敷时，其净距不应小于 150 mm。

70. 架空明敷的电缆与热力管道的净距不应小于多少？

（GB 50054—2011《低压配电设计规范》7.6.10）

【答案】架空明敷的电缆与热力管道的净距不应小于 1 m，当其净距小于 1 m 时，应采取隔热措施。

71. 架空明敷的电缆与非热力管道的净距不应小

于多少？

（GB 50054—2011《低压配电设计规范》7.6.10）

【答案】架空明敷的电缆与非热力管道的净距不应小于 0.5 m，当其净距小于或等于 0.5 m 时，应在与管道接近的电缆段上采取防止机械损伤的措施。

72. 直埋电缆的埋深深度不应小于多少？

（DL/T 499—2001《农村低压电力技术规程》8.3.2）

【答案】直埋电缆的埋深深度不应小于 0.7 m，穿越农田时不应小于 1 m。

73. 直埋电缆的电力电缆间及其与控制电缆间最小距离是多少？

（DL/T 499—2001《农村低压电力技术规程》8.3.3）

【答案】直埋电缆的电力电缆间及其与控制电缆间最小距离：平行时不小于 0.1 m；交叉时不小于 0.5 m。

74. 直埋电力电缆与可燃气体、易燃易爆液体管道（沟）的距离是多少？

（DL/T 499—2001《农村低压电力技术规程》

8.3.3）

【答案】直埋电力电缆与可燃气体、易燃易爆液体管道（沟）的距离：平行时不小于1 m；交叉时不小于0.5 m。

75. 直埋电力电缆与热力管道（沟）之间的距离是多少？

（DL/T 499—2001《农村低压电力技术规程》8.3.3）

【答案】直埋电力电缆与热力管道（沟）之间的距离：平行时不小于2 m；交叉时不小于0.5 m。

76. 直埋电力电缆与其他管道之间的距离是多少？

（DL/T 499—2001《农村低压电力技术规程》8.3.3）

【答案】直埋电力电缆与其他管道之间的距离：平行时不小于0.5 m；交叉时不小于0.5 m。

仪 表 类

77. 使用数字式万用表测量时应注意哪些事项？

（《“全能型”乡镇供电所岗位培训教材·通用知识》）

【答案】使用数字式万用表测量时如无法估计被测电压或电流的大小，则应先拨至最高量程挡测量一次，再视情况逐渐把量程减小到合适挡位。测量过程中禁止切换量程，测量完毕，应将量程开关拨到最高电压挡，并关闭电源（OFF）。

78. 使用数字式万用表测量直流电压时应将量程开关拨至什么位置？

（《“全能型”乡镇供电所岗位培训教材·通用知识》）

【答案】使用数字式万用表测量直流电压时应将量程开关拨至“DCV”的合适量程。

79. 使用数字式万用表测量交流电压时应将量程开关拨至什么位置？

（《“全能型”乡镇供电所岗位培训教材·通用知识》）

【答案】使用数字式万用表测量交流电压时应将量程开关拨至“ACV”的合适量程。

80. 使用钳形电流表测量时应注意哪些事项？

（《“全能型”乡镇供电所岗位培训教材·通用知识》）

【答案】低压钳型电流表不得测高压线路的电流，被测线路的电压不得超过钳型电流表所规定的额定电压。测量前应先估计被测电流的大小，选择合适的量程。在测量过程中不得切换量程，以免产生高压伤人或损坏设备。

81. 使用钳型电流表测量小电流时应怎样测量？

（《“全能型”乡镇供电所岗位培训教材·通用知识》）

【答案】使用钳型电流表测量小电流时如未得到

准确读数，可将被测导线多绕几圈穿入钳口进行测量，实际测得的数值应为钳型电流表读数除以放进钳口内的导线根数。

82. 使用绝缘电阻表测量时应注意哪些事项？

（《“全能型”乡镇供电所岗位培训教材·通用知识》）

【答案】绝缘电阻表的电压等级应与被测物的耐压水平相适应，以免被测物的绝缘被击穿。禁止遥测带电设备的绝缘电阻。

83. 使用绝缘电阻表测量前，对绝缘电阻表应做哪些试验？

（《“全能型”乡镇供电所岗位培训教材·通用知识》）

【答案】使用绝缘电阻表测量前，对绝缘电阻表应做开路试验和短路试验。开路试验，将“L”和“E”两接线端开路，摇动手柄至额定转速，指针应在“∞”位置上。如指针达不到“∞”位置，说明测试用引线绝缘不良或绝缘电阻表本身受潮；短路试验，将“L”和“E”两接线端短路，轻摇手柄（严禁快速摇动手柄），指针应在“0”位置上。如指针不指零，说明测试引线未接好或绝缘电阻表有问题。

84. 绝缘电阻表“L”“E”“G”三个端子分别代表什么？

（《“全能型”乡镇供电所岗位培训教材·通用知识》）

【答案】绝缘电阻表“L”端子表示接线路的相线，接于被测设备的导体上；“E”端子，接于被测设备的外壳或接地；“G”端子表示屏蔽端子，接于测量时需要屏蔽的电极。

85. 摇测电容器、电力电缆、大容量变压器、电机等设备时，绝缘电阻表应怎样测量？

（《“全能型”乡镇供电所岗位培训教材·通用知识》）

【答案】摇测电容器、电力电缆、大容量变压器、电机等设备时，绝缘电阻表必须在额定转速状态下，方可将测量笔接触或离开被测设备，以免因电容放电而损坏仪表。

电能计量类

86. 为什么运行中动力客户的三相四线智能表接线正确还会出现少量的反向有功总电量？

（《智能表功能规范》）

【答案】这种情况主要是由于客户的负荷特性造成的，一些电机类的设备例如冲压机、天车、抽油机、升降机、抽水泵等，在运行的某个时段中，可能导致电机的转速大于其额定转速，变为发电机运行，同时也没有其他负荷消纳，造成有功倒送。

87. 单相智能表显示屏左下角的“←”代表什么意思？

（《智能表功能规范》）

【答案】“←”代表功率反向，即可能存在电能表反接或用户反送电。

88. 三相智能表左上角的象限指示代表什么意思？

（《智能表功能规范》）

【答案】代表当前运行象限指示。一个接线正确的三相智能表，正常运行时应工作在第Ⅰ象限，若电能表长时间工作在其他象限，则考虑接线错误。

89. 三相四线智能表显示屏的实时电压状态指示（Ua、Ub、Uc）某个出现闪烁或缺失代表什么？

（《智能表功能规范》）

【答案】三相实时电压状态指示 Ua、Ub、Uc 分别对应着电能表从左至右三个元件电压，某个闪烁时，表示对应的电能表元件电压失压；某个缺失时，表示对应的电能表元件电压断相。

90. 三相四线智能表显示屏的实时电流状态指示（Ia、Ib、Ic）某个出现闪烁或缺失代表什么？

（《智能表功能规范》）

【答案】三相实时电流状态指示 Ia、Ib、Ic 分别对应着电能表从左至右三个元件电流，某个闪烁时，表示对应的电能表元件电流失流；某个缺失时，表示对应的电能表元件电流小于启动电流。当三相用电客户只用其中一相或两相时，可导致其他相闪烁或缺失。

91. 三相四线智能表显示屏的实时电流状态指示（Ia、Ib、Ic）前某个出现"-"代表什么？

（《智能表功能规范》）

【答案】三相实时电流状态指示 Ia、Ib、Ic 分别对应着电能表从左至右三个元件电流，当某个前面出现“-”时，代表着对应的电能表元件计量的功率反向，该相可能存在接线错误。

92. 单相智能表的正向有功总电量和反向有功总电量分别是如何计算的？

（《智能表功能规范》）

【答案】当单相智能表接线正确并正常用电时，所计电量会记录正向有功总电量；当单相智能表反接或功率反向时，所计电量会记录反向有功总电量。

93. 三相四线智能表的正向有功总电量和反向有功总电量分别是如何计算的？

（《智能表功能规范》）

【答案】当三相四线智能表的三个计量元件所计

电量的代数和为正时，所计电量会记录正向有功总电量；当三相四线智能表的三个计量元件所计电量的代数和为负时，所计电量会记录反向有功总电量。

94. 智能表的有功组合电量是如何计算的？

（《智能表功能规范》）

【答案】智能表的有功组合电量为正向有功总电量和反向有功总电量的绝对值之和（正向有功总电量加上反向有功总电量）。

95. 智能表的报警事件包括哪些？

（《智能表功能规范》）

【答案】智能表的报警事件包括失压、逆相序、过载、功率反向（双向表除外）、电池欠压等。

96. 对于直接接入式单相有功电能表，目前我国采用什么接线方式？

【答案】对于直接接入式单相有功电能表，目前我国采用“一进一出”的接线方式，即“1、3 进，2、4 出”的接线方式。

97. 如何确定电流互感器的额定一次电流？

（DL/T 448—2016《电能计量装置技术管理规程》）

【答案】电流互感器额定一次电流的确定，应保证其在正常运行中的实际负荷电流达到额定值的60 %左右，至少应不小于30 %，否则，应选用高动热稳定电流互感器，以减小变比。

98. 对计量互感器二次回路的连接导线有何要求？

（DL/T 448—2016《电能计量装置技术管理规程》）

【答案】计量互感器二次回路的连接导线应采用铜质单芯绝缘线，对电流二次回路连接导线截面积应按电流互感器的额定二次负荷计算确定，至少应不小于4 mm^2；对电压二次回路连接导线截面积应按允许的电压降计算确定，至少应不小于2.5 mm^2。

99. 低压供电如何确定电能计量装置的接线方式？

（DL/T 448—2016《电能计量装置技术管理规程》）

【答案】低压供电，计算负荷电流为60 A及以下时，宜采用直接接入电能表的接线方式；计算负荷电流为 60 A 以上时，宜采用经电流互感器接入电能表的接线方式。

100. 什么是电能计量装置?

（DL/T 448—2016《电能计量装置技术管理规程》）

【答案】由各种类型的电能表、计量用电压、电流互感器（或专用二次绕组）及其二次回路相连接组成的用于计量电能的装置，包括电能计量柜（箱、屏）。

101. 电能计量装置如何分类?

（DL/T 448—2016《电能计量装置技术管理规程》）

【答案】运行中的电能计量装置按计量对象的重要程度和管理需要分为Ⅰ、Ⅱ、Ⅲ、Ⅳ、Ⅴ五类。

102. Ⅳ类电能计量装置包括哪些?

（DL/T 448—2016《电能计量装置技术管理规程》）

【答案】380 V~10 kV 电能计量装置。

103. Ⅴ类电能计量装置包括哪些?

（DL/T 448—2016《电能计量装置技术管理规程》）

【答案】220 V 单相电能计量装置。

104. 电能计量装置验收合格后应对哪些部位加封？

（DL/T 448—2016《电能计量装置技术管理规程》）

【答案】验收合格的电能计量装置应由验收人员及时实施封印，封印的位置为互感器二次回路的各接线端子（包括互感器二次接线端子盒、互感器端子箱、隔离开关辅助接点、快速自动空气开关或快速熔断器和试验接线盒等）、电能表接线端子盒、电能计量柜（箱、屏）门等。

105. 对安装于电能计量柜（屏）上的电能表有何要求？

（DL/T 825—2002《电能计量装置安装接线规则》）

【答案】每一回路的有功和无功电能表应垂直排列或水平排列，无功电能表应在有功电能表下方或右方，电能表下端应加有回路名称的标签，两只三相电能表相距的最小距离应大于 80 mm，单相电能表相距的最小距离为 30 mm，电能表与屏边的最小距离应大于 40 mm。

106. 对同一组互感器的选用有何要求？

（DL/T 825—2002《电能计量装置安装接线规则》）

【答案】同一组的电流（电压）互感器应采用制造厂、型号、额定电流（电压）变比、准确度等级、二次容量均相同的互感器。

107. 互感器二次回路为什么要安装试验接线盒？

（DL/T 825—2002《电能计量装置安装接线规则》）

【答案】互感器二次回路应安装试验接线盒，便于实负荷校表和带电换表。

108. 电能计量装置的二次回路接线有何注意事项？

（DL/T 825—2002《电能计量装置安装接线规则》）

【答案】二次回路接线应注意电压、电流互感器的极性端符号。接线时可先接电流回路，再按相接入电压回路。分相接线的电流互感器二次回路宜按相色逐相接入，并核对无误后，再连接各相的接地线。

109. 计量方式分为哪几类？

（DL/T 448—2016《电能计量装置技术管理规程》）

【答案】用户计量方式分为高供高计、高供低计和低供低计三类。

110. 在计量装置的二次回路接线中，当导线接入的端子是接触螺丝时，应如何处理？

（DL/T 825—2002《电能计量装置安装接线规则》）

【答案】在二次回路接线中，当导线接入的端子是接触螺丝时，应根据螺丝的直径将导线的末端弯成一个环，其弯曲方向应与螺丝旋入方向相同，螺丝（或螺帽）与导线间、导线与导线间应加垫圈。

111. 直接接入式电能表采用多股绝缘导线过粗或导线小于端子孔径较多时，如何处理？

（DL/T 825—2002《电能计量装置安装接线规则》）

【答案】直接接入式电能表采用多股绝缘导线，应按表计容量选择。若遇选择的导线过粗时，应采用断股后再接入电能表端钮盒的方式。当导线小于端子孔径较多时，应在接入导线上加扎线后再接入。

112. 试验接线盒的电流单元应如何接线？

（DL/T 825—2002《电能计量装置安装接线规则》）

【答案】试验接线盒在正常运行时，电流单元的上连片处在闭合状态，下连片处在断开状态，接线盒两侧的 S1 线错位连接，依靠上连片导通，S2 线直通连接。

113. 计量装置的安装接线工作中对导线走线的总体要求是什么？

（《“全能型”乡镇供电所岗位培训教材·台区经理》）

【答案】导线走线时要遵循“从上到下、从左到右；正确规范、层次清晰；布置合理、方位适中；集束成捆、互不交叠；横平竖直、边路走线”。

114. 三相四线电能表中性线的接法有何特点？

（《“全能型”乡镇供电所岗位培训教材·台区经理》）

【答案】总中性线直接由电源接至负载，电能表的中性线用 2.5 mm^2 及以上的铜芯绝缘线“T”接到总中性线上；或者中性线不剪断，而是中间剥去绝缘层后整根接入的。

115. 三相四线电能表“T”接中性线有何意义?

(《“全能型”乡镇供电所岗位培训教材·台区经理》)

【答案】若中性线剪断接入时,如在电能表表尾接触不良,则容易造成中性线断开,会使负载的中性点与电源的中性点不重合,负载上出现电压不平衡,有的过电压、有的欠电压,因此设备不能正常工作,承受过电压的设备甚至还会被烧毁。而在“T”形接法下,总中性线是在没有断口的情况下直接接到用户的设备上,因此不会发生上述情况。

116. 经 TA 接入的三相四线电能表的电压接线有何要求?

(《国网技术学院培训系列教材:装表接电》)

【答案】电压线宜单独接入,不得与电流线公用(等电位法)。电压引入应接在电流互感器一次电源侧,导线不得有接头;不得将电压线压接在互感器与一次回路的连接处,一般是在电源侧母线上另行打孔螺丝连接。允许使用加长螺栓,互感器与母线可靠压接后在多余的螺杆上另加螺帽压接电压连接导线。

117. 电能计量装置发生接线错误时，如何进行电量的退补？

（《供电营业规则》）

【答案】如发现电能计量装置接线错误，需进行电量退补，以其实际记录的电量为基数，按正确与错误接线的差额率退补电量，退补时间从上次校验或换装投入之日起至接线错误更正之日止。对于无法获得电量数据的，以客户正常用电时月平均电量为基准进行追补。

118. 电能计量装置接线检查一般分为哪几种？

（《国网技术学院培训系列教材：装表接电》）

【答案】电能计量装置接线检查一般分为停电检查和带电检查两种。

119. 什么是电能计量装置的停电检查？

（《国网技术学院培训系列教材：装表接电》）

【答案】停电检查是对新装或更换互感器以及二

次回路后的计量装置在投入运行前在停电的情况下进行的接线检查，主要内容包括电流互感器变比和极性检查、二次回路接线通断检查、接线端子标识核对、电能表接线检查等。

120. 什么是电能计量装置的带电检查？

（《国网技术学院培训系列教材：装表接电》）

【答案】带电检查是电能计量装置投入使用后的整组检查，运行中的低压电能计量装置根据需要也可进行带电检查，以保证接线的正确性。带电检查的方法有实负荷比较法、逐相检查法、电压电流法、力矩法、相量图法（六角图法）及综合分析法等。

121. 如何采用实负荷比较法对电能计量装置进行检查？

（《国网技术学院培训系列教材：装表接电》）

【答案】用一只秒表记录电能表转盘转动N转（电子式电能表为N个脉冲）所用的时间t（s），然后根据电能表常数求出电能表计量功率，将计算的功率值与线路中负荷实际功率值相比较，若二者近似相等，则说明电能表接线正确；若二者相差甚远，且超出电能表的准确度等级允许范围，则说明电能计量装置接线有错误。

122. 对多次级（多绕组）电流互感器只用一个二次回路时应如何处理？

（《国网技术学院培训系列教材：装表接电》）

【答案】对多次级（多绕组）互感器只用一个二次回路时，其余的次级绕组应可靠短接并接地。如果计量之外的绕组接有负荷（如电流表等），应检查回路的完整性，防止计量绕组完整而测量绕组开路的故障发生。

123. 对高压互感器二次侧接地有何要求？

【答案】所有电流互感器二次绕组的一点接地，应选择在非极性端（低电位端）；对于 VV 接线，TV 二次回路的接地点应在"V"相出口侧，对于 YYN 接线，则应在二次绕组中性点接地。

124. 为什么运行中的 10 kV 三相三线智能表接线正确会显示"-Ia"？

【答案】这种情况一般发生在变压器二次侧负载的功率因数很低（小于0.5且感性），或者变压器二次侧空载或轻载时，导致电能表第一元件计量反向有功功率。

125. 为什么运行中的10 kV三相三线智能表接线正确会显示“-Ic”？

【答案】这种情况一般发生在变压器二次侧带容性负载或无功补偿过补，导致负载的功率因数很低（小于0.5且容性），造成电能表第二元件计量反向有功功率。

126. 用电检查主要包括哪两大类的检查？

【答案】用电检查主要包括日常用电检查和专项用电检查。

127. 日常用电检查有什么要求？

【答案】高压专线供电客户，每3个月至少检查一次；高压非专线客户，每6个月至少检查一次；低压非居民供电客户，每12个月至少抽查一次；低压供电居民客户，每年按不低于百分之三的户数比例抽查。

128. 专项用电检查包括哪些方面内容？

【答案】主要包括保供电专项检查、季节性检查、营业普查、针对性专项检查。

129. 季节性用电检查的内容包括什么？

【答案】季节性用电检查内容包括防污检查、防雷检查、防汛检查和防冻检查。

（1）防污检查：检查重污秽区客户反污措施的落实，推广防污新技术，督促客户改善电气设备绝缘质量，防止污闪事故发生。

（2）防雷检查：在雷雨季节到来之前，检查客户设备系统的接地系统、避雷针、避雷器等设施的安全完好性。

（3）防汛检查：在汛期到来之前，检查所辖区域客户防洪电气设备的检修、预试工作是否落实，电源是否可靠，防汛的组织及技术措施是否完善。

（4）防冻检查：在冬季到来之前，检查电气设备、消防设施防冻等情况。

130. 使用掌机到达现场复电时如何操作？

【答案】到达现场复电时，掌机应在执行任务——未执行任务下，选中对应的用户信息，距离送电失败的表计 5～10 cm，摁橘黄色把手，等待半分钟左右，掌机震动一次，复电应成功，跳闸灯灭。若第一次现场复电失败，可再次操作。

131. 画出全额上网模式的单相光伏发电的计量表接线图。

【答案】

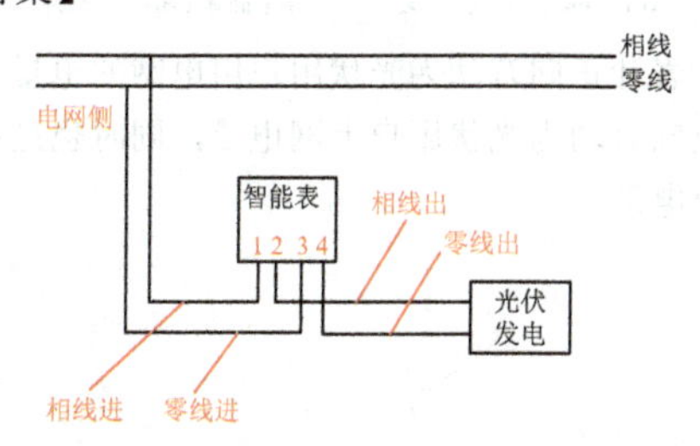

注：表计正向有功为光伏用户用电网的电量；表计反向有功为光伏用户上网电量，同时也是用户发电电量。

132. 画出全额上网模式的三相光伏发电的计量表接线图。

【答案】

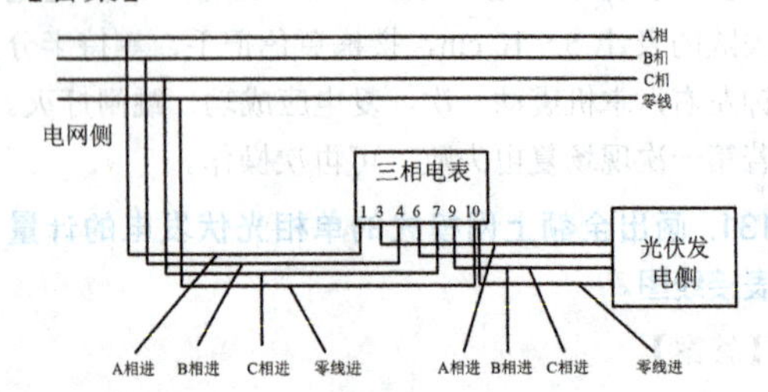

注：表计正向有功为光伏用户用电网的电量；表计反向有功为光伏用户上网电量，同时也是用户发电电量。

监控查询类

133. 全能型供电所能够监控哪些异常事件？

【答案】通过用采系统中异常监测模块可以查询用电异常、计量异常等异常事件，其中计量异常包含相序异常、电压失压、失流、反向电量异常、电压断相等；用电异常包含负荷超容、电流过流、电流不平衡、电压越下限、电压越上限、潮流反向。通过 PMS 系统可以监控查询出变压器低电压、重过载、电流不平衡、电压异常等事件。

134. 简述远程监控派单流程。

【答案】负责监控用电异常、计量异常、采集异常等工作的人员在初步分析研判后将需要现场核实并处理的工作派单至外勤班，不需要现场核实处理的工作派单至系统操作人员进行处理。处理结果及时反馈至远程监控人员。

135. 用电信息采集系统对计量及用电异常如何监测并处理？

（Q/GDW 373—2009《电力用户用电信息采集系统功能规范》4.4.5）

【答案】①通过对采集数据进行比对、统计分析，发现用电异常。②对现场设备运行工况进行监测，发现用电异常。③用采集到的历史数据分析用电规律，与当前用电情况进行比对分析，分析异常，记录异常信息。④发现异常后，启动异常处理流程，将异常信息通过接口传送到相关职能部门。

136. 如何查询客户每天的用电情况？

【答案】可根据客户提供的用户编号在用电信息采集系统“抄表数据查询”模块中查询该客户每天的用电情况。如客户不能准确提供用户编号，可根据用户名称查询。

137. 客户缴费后系统提示复电“执行失败”，应如何处理？

【答案】根据客户提供的用户编号或者利用营销系统查询用户缴费后系统长时间复电失败的客户明细（MX 00901），通过营销系统重新下发复电指令。

138. 客户缴费后长时间复电未执行成功，如何处理？

【答案】长时间未复电成功的，客户需携带手持掌机到现场进行复电操作。

采集业务类

139. 主站采集居民表数据是根据什么采集？

【答案】主站采集居民表数据是根据电表地址采集。

140. 集中抄表终端最大电能表接入数目是多少？

【答案】集中抄表终端最大电能表接入数目为1 024个。

141. 用电信息采集系统采集的主要数据项有哪些？

（Q/GDW 373—2009《电力用户用电信息采集系统功能规范》4.1.1）

【答案】（1）电能量数据：总电能示值、各费率电能示值、总电能量、各费率电能量、最大需量等；

（2）交流模拟量：电压、电流、有功功率、无功功率、功率因数等；

（3）工况数据：采集终端及计量设备的工况信息；

（4）电能质量越限统计数据：电压、电流、功率、功率因数、谐波等越限统计数据；

（5）事件记录数据：终端和电能表记录的事件记录数据；

（6）其他数据：费控信息等。

142. 电力用户用电信息采集系统可实现哪些功能？

（Q/GDW 373—2009《电力用户用电信息采集系统功能规范》3.1）

【答案】电力用户用电信息采集系统可实现用电信息的自动采集、计量异常监测、电能质量监测、用电分析和管理、相关信息发布、分布式能源监控、智能用电设备的信息交互等功能。

143. 电力用户用电信息采集系统的采集对象包括哪些？

（Q/GDW 378.3—2009《电力用户用电信息采集系统设计导则·第三部分：技术方案设计导则》4.1）

【答案】电力用户用电信息采集系统的采集对象

为所有电力用户，包括专线用户、各类大中小型专变用户、各类 380/220 V供电的工商业户和居民用户、公用配变考核计量点。

144. 采集系统应用管理的内容包括哪些？

【答案】采集系统应用管理的内容包括抄表数据应用管理、费控功能应用管理、线损监测功能应用管理、计量装置在线监测功能应用管理、有序用电功能应用管理、主站与其他系统之间的接口管理、新增应用需求的管理等。

145. 用电信息采集系统主要有哪些通信方式？

（Q / GDW 378.3—2009《电力用户用电信息采集系统设计导则 · 第三部分：技术方案设计导则》6.1）

【答案】用电信息采集系统的主要通信方式有光纤专网通信、GPRS/CDMA 无线公网通信、230 MHz 无线专网通信、电力线载波通信、RS 485通信方式等。

146. 用电信息采集系统数据采集的主要方式有哪几类？

（Q/GDW 373—2009《电力用户用电信息采集系统功能规范》4.1.2）

【答案】定时自动采集、随机召测、主动上报。

147. 用电信息采集系统有哪些综合应用?

（Q/GDW 373—2009《电力用户用电信息采集系统功能规范》4）

【答案】配合其他业务应用系统，可实现自动抄表管理、费控管理、有序用电管理、用电情况统计分析、异常用电分析、电能质量数据统计、线损和变损分析、增值服务等综合应用。

148. 出现连续3天及以上采集失败的低压用户表计，该如何处理?

【答案】当发现低压用户连续 3 天以上采集失败时，供电所运行监控人员应进行故障分析，并于当天派发工单并跟踪处理情况。

149. 现场采集故障应从哪几个方面排查?

【答案】外观检查、接线检查、通信模块检查、运行检测。

150. 现场处理采集故障外观检查注意事项及处理方法有哪些？

【答案】1）电表掉电

现场排查：检查表前闸或电表箱总开关是否处于闭合，表尾进线是否连接，检查线路是否已带电。

处理方法：线路带电且接线无误，电表仍未上电，则确定电表已损坏，应立即更换新表。

2）表计损毁或黑屏

现场排查：观察电表外观是否损坏，是否有明显灼烧痕迹，电表功能键是否可以正常使用。

处理方法：外观损坏或明显灼烧应立即更换新表；停送电后，电表仍黑屏，应立即更换新表。

3）载波模块检查

现场排查：首先查看台区主表模块是哪种协议，然后查看户表模块是哪种协议，再取出电表载波模块观察针脚是否弯曲，是否有灼烧痕迹。

处理方法：户表厂家协议应与集中器模块厂家协议保持一致。（如主表是瑞斯康协议，那么户表也应为瑞斯康协议）。当户表模块与主表模块协议不一致时，请及时将户表模块更换成和主表协议相一致的模块。重新插拔后，载波模块仍无法正常运转的，应进行模块更换。

151. 现场处理采集故障接线检查注意事项及处理方法？

【答案】1）零、火线错（虚）接

现场排查：采用直观检查和用万用表测量两种方法，检查表计电压和电流接线是否正确，接触是否良好。

处理方法：利用相序表、钳型电流表测量后正确接线。

2）RS485通信线接线故障

现场排查：观察电表液晶屏是否出现 485 通信标识，检查 485 接线是否正确，测量 485 电压是否为 4 V。

处理方法：13 版电表原则上不分 A、B 极，但是施工过程中建议仍按照 A、B 极进行接线；正确的对应关系应为集中器或终端 29（A 极）口和

30（B极）口，分别对应三相表24（A极）口和25（B极）口。

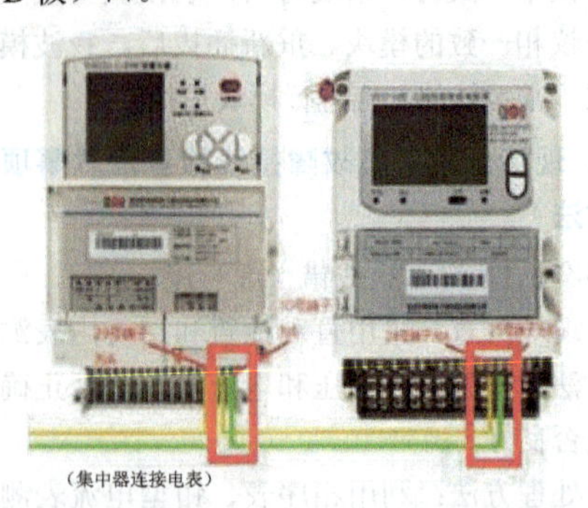

（集中器连接电表）

152. 现场处理采集故障通信模块检查注意事项及处理方法？

【答案】现场排查：查看集中器（终端）模块协议是CDMA或GPRS网；查看SIM卡与通信模块协议是否匹配；SIM卡是否损坏（烧毁）；再取出电表载波模块观察针脚是否弯曲，模块是否有灼烧；天线是否安装正确，是否有断线，是否接至表箱外。

处理方法：当通信模块与通信卡协议不一致时，请换成网络协议相一致的电话卡；当SIM卡损坏时，请更换SIM卡；天线已损坏，应立即更换，天线完好应露天放置；重新插拔后，通信模块仍无法正常运转的，应进行模块更换。

153. 现场处理采集故障运行检测注意事项及处理方法?

【答案】1）时钟检查

现场排查：查看集中器（终端）或电能表时钟是否错误，电能表是否显示Err-04。

处理方法：智能表时钟错误可通过采集管理终端下发对时明细进行现场对时，或更换智能表电池，集中器（终端）可通知后台进行远程对时。

2）户变载波协议不匹配

现场排查：智能表载波模块协议与集中器载波协议不匹配。

处理方法：更换智能表载波模块使其与集中器载波协议匹配。

3）现场无表或资产编号不一致

现场排查：采集失败用户现场未挂表，或资产编号与系统档案不一致。

处理方法：核实情况装表或销户；统一现场与系统档案。

154. 如何解析智能表液晶屏常见异常代码？

【答案】Err-01：异常名称为控制回路错误。剩余金额为0元时，液晶显示“Err-01”，当用户购电后，会自动扣除透支金额，“Err-01”消失。

Err-03：异常名称为内卡初始化错误。

Err-04：异常名称为时钟电池电压低。如果停电后，电表时间会丢失，此时需要更换电能表。

Err-07：异常名称为时钟故障。时间错误，需要观察电表时间是否有问题。

Err-12：异常名称为客户编号不匹配。操作用户卡或远程下发参数时，用户号错误。

Err-13：异常名称为充值次数错误。操作用户或远程下发参数时，购电次数错误。

Err-14：异常名称为购电超囤积。购电时如果剩余金额+本次购电金额>囤积金额限制，则出现该提示。

Err-18：异常名称为提前拔卡。插卡后拔卡过快。

Err-51：异常名称为过载。用户使用负荷大于1.2 倍的最大电流时，电表轮显示“Err-51”。

Err-31：异常名称为电表故障。原因：①表计电压过低。②操作 ESAM 错误。③ESAM 复位错（ESAM 损坏或未安装）。

155. 公变集中器液晶屏上出现哪种符号表示与主站连接成功？

【答案】移动信号标识📶、GPRS 信号标识“G”稳定或 CDMA 信号标识“C”稳定。

156. 智能表载波模块通信时，RXD、TXD 灯闪烁

各表示什么？

【答案】“RXD”灯闪烁表示模块接收数据；“TXD”灯闪烁表示模块发送数据。

157. 集中器通信模块的电源灯不亮或网络灯一直闪烁，时间超过 2 min，其可能原因是什么？

【答案】①通信模块没有可靠接入终端中；②SIM 卡是否放置，放置是否正确，接触是否良好；③ SIM 卡是否已开通 GPRS/CDMA 功能，是否欠费停机；④终端安装位置的信号是否太弱，周围是否被屏蔽。

158. 集中器远程通信模块状态指示灯是如何指示通信状态的？

（Q/GDW 1375.2—2013《电力用户用电信息采集系统型式规范·第2部分：集中器型式规范》A.7.4）

【答案】远程通信模块状态指示灯如下图所示：

电源　　NET　　T/R

○　　○　　○

电源灯——模块上电指示灯，红色，灯亮时，表示模块上电；灯灭时，表示模块失电。

NET灯——网络状态指示灯，绿色。

T/R灯——模块数据通信指示灯，红绿双色。红灯闪烁时，表示模块接收数据；绿灯闪烁时，表示模块发送数据。

159. 常见的采集异常有几种？如何分析及处理？

（《电能（用电）信息采集与监控》）

【答案】常见的采集异常包括设备异常、参数异常（下发参数、配置参数）、数据异常三种。设备异常需要现场对采集设备进行故障排查并及时处理。参数异常应通过核对参数（通信、抄表参数）对采集终端进行正确的配置。数据异常应对采集系统各异常事件的分析判断，发现各类采集故障，并做好记录和分类处理。

160. 若发现某单位大面积采集终端日采集成功率下降，应如何进行分析处理？

【答案】（1）通信问题：检查通信是否正常，对掉线的终端进行分类归纳，总结关联点，判断是某通信运营商区域大面积终端掉线，还是不同远程通信方式下某个固定型号的终端大面积掉线，查找掉线原因并联系对应的责任主体（通信运营商或终端厂家），制订处理方案。

（2）线路停电问题：通过查询掉线终端的停上电事件，分析某条隶属线路是否存在停电，并与调度取得联系，进一步核实情况，制订处理方案。

（3）设备质量问题：分类整理采集失败数据项，并核对影响数据采集的各项参数是否成功下发。若发现参数下发不成功或下发成功后不抄读数据项等异常，应与厂家联系，并制订处理方案。

161. 现场安装集中器应该按照哪些规范步骤开展工作?

【答案】（1）集中器应垂直安装，用螺钉三点牢靠固定在电能表箱或终端箱的底板上。金属类电能表箱、终端箱应可靠接地；

（2）按接线图，正确接入集中器电源、RS 485通信线缆；

（3）接入外置天线；

（4）经复查确认接线正确无误后，盖上电表、终端接线端钮盒盖；

（5）通电检查集中器指示灯显示情况，观察终端是否正常工作；

（6）检查无线类终端网络信号强度，必要时对天线进行调整，确保远程通信良好。

162. 集中器安装有何要求？

（Q/GDW 380.3—2009《电力用户用电信息采集系统管理规范·第三部分：采集终端建设管理规范》3.4.3.2）

【答案】（1）集中器应安装在变压器低压侧，安装位置应避免影响其他设备的操作。

（2）集中器统一在箱体内安装，箱体具备良好的抗冲击、防腐蚀和防雨能力，具备专用加封、加锁位置。

（3）杆式变压器下集中器安装应不影响生产检修，便于日常维护；箱式变压器集中器安装在变压器操作间内。

（4）接入工作电源需考虑安全，必要时采取停电措施。

163. 集中器通信现场设置参数主要有哪几项?

（《智能电能表现场安装标准化施工工艺标准（试行）》）

【答案】主站IP地址、IP端口、APN、终端地址。

164. 什么情况下，一个台区需加装多台集中器?

（《河北省电力公司低压台区用电信息采集技术标准》5.1）

【答案】台区采集电表数大于500块；抄收失败的电表集中分布在某个区域；抄收质量达不到抄收指标的台区。

165. 加装阻波器的条件是什么?

（《河北省电力公司低压台区用电信息采集技术标准》3.2）

【答案】大型住宅小区，使用多台变压器集中供电，载波信号通过高压电力线在各个台区间串扰，导致台区抄表成功率低的，需考虑安装阻波器。对同线路供电的相邻台区，台区相邻距离在50 m以内的，存在载波信号串扰，导致台区抄表成功率低的，需考虑安装阻波器。

166. 什么情况下需加装中继放大器？

（《河北省电力公司低压台区用电信息采集技术规范》4.2）

【答案】①载波发送节点与载波接收节点通讯路径大于150 m；②载波节点无法接收载波信号或接收不良。

167. 什么是通信异常？

（Q/GDW 380.6—2009《电力用户用电信息采集系统管理规范·第六部分：采集终端运行管理规范》3.2.1）

【答案】通信异常是指主站系统与采集终端无法进行有效通信，即通信失败或成功率低，表现为运行主站不能有效采集全部或部分终端的用电信息数据。

168. 什么是采集数据异常？

（Q/GDW 380.6—2009《电力用户用电信息采集系统管理规范·第六部分：采集终端运行管理规范》3.2.1）

【答案】采集数据异常是指主站系统收集回来的采集终端数据出现异常，表现为所采集数据的正确性不能满足要求，或者采集数据不完整，存在缺漏项。

169. 营销系统增加采集对象的时候，找不到采集对象的原因有哪些？

【答案】①存在在途工单，即被其他在途工单增加对象的时候已经增加上了；②已经被采集，即已经被其他采集点采集上了；③对象不属于当前选择的台区或者单位。

170. 抄表例日期间 SG 186 营销系统获取不到采集系统数据，怎么解决？

【答案】档案正确的前提下，获取数据只能获取抄表例日当天的数据，预获取可以获取例日前三天的数据。在例日范围内，获取不到数据的请查询自定义，BM 11052，查询中间库是否有抄表数据，若查不到，说明采集系统还未传到中间库，若有数据，但是 SG 186 还没有获取到数据，请记录一下 SG 186 获取中间库数据的时间，每天的

8:30~10:00、13:00~14:00、23:00~24:00。采集系统超过 24:00，SG 186 就获取不到当天数据。

171. 日冻结数据是指终端在每日几点所冻结的数据？

【答案】日冻结数据是指终端在每日日末 24 点时刻（00：00：00）所冻结的数据。

172. 台区内载波表计的抄表例日抄表成功率和抄表正确率应大于或等于多少？

【答案】台区内载波表计的抄表例日抄表成功率和抄表正确率应大于或等于 98 %。

173. 适用于用电信息采集系统本地信道类型有哪些？

（Q/GDW 378.3—2009《电力用户用电信息采集系统设计导则 · 第三部分：技术方案设计导则》5）

【答案】本地信道用于现场终端到表计的通信连接，高压用户在配电间安装专变采集终端到就近的计量表计，采用 RS 485 方式连接。在低成本解决方案中，低压电力线载波、微功率无线网络、

RS 485 通信成为可选择方案。

174. 采集终端运行监控的内容有哪些？

（Q/GDW 380.6—2009《电力用户用电信息采集系统规范 · 第六部分：采集终端运行管理规范》3.2）

【答案】（1）对采集终端运行情况进行监控和分析，对各类异常情况进行协调处理，汇总所辖范围各类异常信息。

（2）按照采集终端的运行情况核对采集终端的状态并及时修订。

（3）档案维护：进行所辖范围内用户、采集装置档案信息的建立、维护、审核和更新。

（4）参数设置：配合现场安装维护人员，进行用户采集装置参数设置和下发。

（5）采集调试：配合现场安装维护人员，对用户所有接入的采集对象（抄表信息，遥信、遥控信息和其他采集对象）进行功能调试和试采集。

（6）故障处理：经过对系统各异常事件的分析判断，发现各类采集故障，并做好记录和分类处理。

175. 用电信息采集系统进行线损的统计、计算、分析是按什么划分的?

【答案】用电信息采集系统可按电压等级、分域、分线、分台区进行线损的统计、计算、分析。

176. 如何对 10 kV 及 0.4 kV 线损异常进行初步判断?

【答案】利用用电信息采集系统线损分析模块对线损异常的 10 kV 线路或 0.4 kV 台区进行初步分析研判，判断造成异常的原因是系统档案问题还是现场故障造成。系统档案问题主要有：现场与系统中的互感器倍率不一致、现场与系统中的表计信息不一致、户变关系不一致等。

177. 台区日线损率过大的主要原因有哪些?

【答案】（1）总表倍率错误或计量异常；

（2）低压档案没有完全导入或下发；

（3）集中器数据采集不完整；

（4）台区低压档案换表或归档不完整；

（5）台区归属错误，有一部分属于该台区的表计被置于另一台区。

178. 导致台区日线损率为负值的主要原因有哪些？

【答案】线损率为负值的表现是供电量少于售电量，主要有以下原因：

（1）台区总表的 CT 变比与实际不符，主要是倍率偏小；

（2）总表计量异常，如表计内部故障、失压、失流、接线反、相序乱、逆相序等情况；

（3）当低压台区的一些载波表计冻结值不对（偏大）或者一些三相用户的倍率与实际不符（偏大），导致整个台区的售电量会与实际不符（偏大），也会造成负线损率情况；

（4）台区下低压载波表总分关系配置不对，专供表电量被计入售电量。

179. 台区同期线损分析中供电量为零或空值的定义是什么？

【答案】供电量为零或空值是指用电信息采集系统中某一台区日供电量为零或空值，无法计算线损。

HPLC 模 块 类

180. HPLC 通信技术是什么？

【答案】HPLC 通信单元在 0.5 MHz～12 MHz 全频段上均可互联互通，实现了同一台区下不同厂家的通信模块混装抄表，并能够完美支持混装台区下停电事件主动上报、台区识别、相位识别等非计量功能的应用。

181. 现场已更换 HPLC 模块营销系统需要怎样操作？

【答案】对于现场已经安装了 HPLC 模块的终端，需要在 SG 186 系统中修改终端对应的通信方式。如果终端是一体化设备，需要同时修改终端和终端对应的主表的通信方式。具体操作步骤为：资产管理→辅助功能→功能→资产通信方式维护，输入资产信息，点击查询，选中需要修改的资产，在“任务编辑”中选择要修改的通信方式，点击保存，修改成功。

182. HPLC适用范围有哪些？

【答案】（1）高层居民小区。存在多台区互扰。空调、电梯、水泵组成主要噪声源。台区半径小于200 m。存在多级空开、功率因数调节设备，造成通信信号衰减。

（2）低层或老旧小区。居民用电噪声主要为可控硅、工频同步噪声，非同步噪声，电子开关脉冲噪声，能量多集中于1 MHz以下。通常台区半径500 m左右。

（3）城乡结合部。小工厂、养殖场等三相动力电力用户是主要噪声源。存在较长通信线路。

（4）农村。三相动力电用户是主要噪声源，噪声小，对通信影响很小。存在较长通信线路。

（5）孤立小型定居点。噪声小，容易存在孤立点，距离其他电表较远。

183. HPLC 非计量功能应用的好处有哪些？

【答案】停、复电事件主动上报，台区户变关系识别，相位及错误接线识别，芯片 ID 管理有效支撑配电故障抢修，提高线损统计分析正确率，指导地市公司开展现场消缺，实现通信单元资产全寿命管理。

184. HPLC 通信单元现场安装有哪些要求？

【答案】HPLC 通信载波频率较高，同窄带载波比较，信号衰减较大。安装 HPLC 模块不宜选择通信半径过大或存在两相邻电表距离过远的台区，尤其是集中器距第一跳电表模块较远的台区，相邻节点距离在 200 m 以内为宜。台区的用户规模在 300 户以内为宜，大台区可加装集中器并做好相关档案分配。

业 务 受 理

185. 低压客户可通过什么方式申请新装（增容）用电？

（《国家电网公司变更用电及低压居民新装（增容）业务工作规范（试行）》营销业务〔2017〕40号第十条）

【答案】低压居民新装（增容）用电申请采用营业厅受理和电子渠道受理两种方式。

186. 客户办理新装（增容）用电业务时，需提供什么资料？

（《国家电网公司变更用电及低压居民新装（增容）业务工作规范（试行）》营销业务〔2017〕40 号附件 1）

【答案】（1）低压居民用户：用电主体资格证明资料（如居民身份证、临时身份证、户口本、军官证或士兵证等），房屋产权证明或土地权属证明文件，经办人身份证。

（2）低压非居民用户：房产证明、房屋产权人身份证明、经办人身份证明及授权委托书，单位客户所需资料，用电人主体资格证明材料（如营业执照、组织机构代码证、法人证书等），法人代表（负责人）身份证明或法人代表（负责人）开具的委托书及被委托人身份证明、房产证明、负荷组成和用电设备清单。

（3）高压用户：用电人主体资格证明材料（如营业执照、组织机构代码证、法人证书等），法人身份证明或法人开具的委托书及被委托人身份证明，如用电人租赁房屋，需提供房屋租赁合同及房屋产权人授权用电人办理用电业务的书面证明，政府投资主管部门批复文件，土地和房产证明资料，用电项目近、远期规划，负荷组成、性质及保安负荷，如用户对供电质量有特殊要求或用户的用电设备中有非线性负荷设备（如电弧炉、轧钢、地铁、电气化铁路、单台 4 000 kV · A 及以上大容量整流设备等），需在办理用电申请时进行说明并提交相关符合清单。

187. 客户办理新装（增容）用电业务时，只带了身份证或者所带资料不齐全，怎么办？

（《国家电网公司变更用电及低压居民新装（增容）业务工作规范（试行）》营销业务〔2017〕40 号第十一条）

【答案】实行“一证受理”。对于申请资料暂不齐全的客户，在收到其用电主体资格证明并签署“承诺书”后，正式受理申请并启动后续流程，现场勘查时收齐。

188. “线上办电”指的是什么？如何进行线上办电？

（《国家电网公司变更用电及低压居民新装（增容）业务工作规范（试行）》营销业务〔2017〕40 号第十一条）

【答案】指通过“网上国网”App、95598 智能互动网站等电子渠道在线办理用电服务。通过电子渠道业务办理指南，引导客户提交申请资料、填报办电信息。对于申请资料暂不齐全的客户，按照“一证受理”要求办理，由电子坐席人员告知客户在现场勘查时收齐。

189. 客户可否异地办理用电申请？

（《国家电网公司变更用电及低压居民新装（增容）业务工作规范（试行）》营销业务〔2017〕40号第十一条）

【答案】实行同一地区可跨营业厅受理用电申请。

190. 如何与申请低压居民新装（增容）客户签订供用电合同？

（《国家电网公司变更用电及低压居民新装（增容）业务工作规范（试行）》营销业务〔2017〕40号第十四条）

【答案】对于低压居民客户，可采用背书方式签订供用电合同；具备条件的，可通过手机 App、移动作业终端告知确认、电子签名等方式签订电子合同。

191. 台区经理开展现场勘查，当被问及何时可以装表时，应如何回答？

（《国家电网公司变更用电及低压居民新装（增容）业务工作规范（试行）》营销业务〔2017〕40号第十七条）

【答案】实行勘察装表“一岗制”作业。具备直接装表条件的，在勘察确定供电方案后当场装表接电；不具备直接装表条件的，在现场勘察时答复客户供电方案，根据与客户约定时间或配套电网工程竣工当日装表接电。

192. 现场勘查后，对不具备装表或供电条件的，现场勘查工作人员应如何做？

（《国家电网公司变更用电及低压居民新装（增容）业务工作规范（试行）》营销业务〔2017〕40号第十八条）

【答案】在勘察意见中说明原因，并向客户做好解释工作。

193. 客户申请新装（增容）业务后，装表接电的时限有何要求？

（《国家电网公司变更用电及低压居民新装（增容）业务工作规范（试行）》营销业务〔2017〕40号第二十条《“全能型”乡镇供电所岗位培训教材·综合柜员》）

【答案】（1）低压居民新装（增容）：无配套电网工程的客户，在正式受理用电申请后，2个工作日内完成；有配套电网工程的客户，在受理用电申请后，10个工作日内完成；有特殊要求的客户，按照与客户约定的时间完成。

（2）低压非居民新装（增容）：受电工程检验合格并办结相关手续后，装表接电不超过5个工作日。

（3）高压客户新装（增容）：受电工程检验合格并办结相关手续之日起，装表接电不超过5个工作日。

194. 低压用户申请新装（增容）用电的基本流程是什么？

（Q/GDW 1581—2014《国家电网公司供电客户服务提供标准》6.1.4.1）

【答案】受理客户申请→安装派工→现场勘查→确定供电方案→签订供用电合同→装表接电（含采集终端安装）→客户资料归档和回访→服务结束。

195. 客户可通过什么方式申请办理变更用电？

（《国家电网公司变更用电及低压居民新装（增容）业务工作规范（试行）》营销业务〔2017〕40号）

【答案】除销户业务只能通过营业厅受理之外，其他变更用电业务都可以通过营业厅受理和电子渠道受理（简称线下和线上）。

196. 办理变更用电业务收费吗？

【答案】办理变更用电供电企业不收取任何费用，但需要向客户说明的是：

（1）办理移表业务时，移表产生的施工、材料等费用由客户与施工单位据实结算；

（2）办理改压业务时，改压引起的工程费用由用户承担，若是由于供电企业的原因引起的用户供电电压等级发生变化，改压引起的外部工程费用由供电企业承担；

（3）办理分户业务时，分户引起的工程费用由分户者承担；

（4）办理并户业务时，并户引起的工程费用由并户者承担。

197. 符合什么条件的用户可以办理减容？

（《国家电网公司变更用电及低压居民新装（增容）业务工作规范（试行）》营销业务〔2017〕40号第二十四条）

【答案】（1）减容一般只适用于高压供电用户；

（2）用户申请减容，应提前5个工作日办理相关手续；

（3）用户提出减少用电容量的期限最短不得少于6个月，但同一历日年内暂停满6个月申请办理减容的用户减容期限不受时间限制；

（4）用户同一自然人或同一法人主体的其他用电地址不应存在欠费，如有欠费应给予提示。

198. 减容及减容恢复申请所需资料包括什么？

（《国家电网公司变更用电及低压居民新装（增容）业务工作规范（试行）》营销业务〔2017〕40号）

【答案】（1）客户需要签字确认“变更用电申请单”。

（2）有效身份证明复印件（如身份证、军人证、护照、户口薄或公安机关户籍证明任一均可）。

（3）若系统内存在用电户主体证明，且在有效期内时，无需提供以下资料，否则需提供：用电户主体证明，包括法人代表有效身份证明（经办人办理时无需提供）、经加盖单位公章的营业执照（或组织机构代码证，宗教活动场所登记证，社会团体法人登记证书，军队、武警出具的办理用电业务的证明）。

（4）委托代理人办理时需提供：授权委托书（自然人用户不需要提供）；经办人有效身份证。

199. 用户申请减容，对减少的容量有什么要求？

（《国家电网公司变更用电及低压居民新装（增容）业务工作规范（试行）》营销业务〔2017〕40号第二十五条）

【答案】减容必须是整台或整组变压器的停止或更换小容量变压器用电。

200. 减容后电费如何计收？

（《国家电网公司变更用电及低压居民新装（增容）业务工作规范（试行）》营销业务〔2017〕40号第二十五条）

【答案】从拆除（或调换）之日起，减容部分免收用户基本电费，减容后的容量达不到实施两部制电价规定容量标准的，应改为相应用电类别单一制电价计费，并执行相应的分类电价标准。

201. 减容后执行最大需量计费方式的，合同最大需量如何申报？

（《国家电网公司变更用电及低压居民新装（增容）业务工作规范（试行）》营销业务〔2017〕40号第二十五条）

【答案】按减容后总容量申报。

202. 申请减容后，合同最大需量核定值什么时候生效？

（《国家电网公司变更用电及低压居民新装（增容）业务工作规范（试行）》营销业务〔2017〕

40号第二十五条)

【答案】在下一个抄表结算周期或日历月生效。

203. 减容分为哪几种?

(《国家电网公司变更用电及低压居民新装(增容)业务工作规范(试行)》营销业务〔2017〕40号第二十五条)

【答案】减容分为永久性减容和非永久性减容。非永久性减容在减容期限内供电企业保留用户减少容量的使用权。减容两年内恢复的,按减容恢复办理;超过两年的按新装或增容手续办理。

204. 用户申请减容后,何时进行现场勘查?

(《国家电网公司变更用电及低压居民新装(增容)业务工作规范(试行)》营销业务〔2017〕40号第二十六条)

【答案】现场勘查时间由业务受理人员或服务调度人员与用户预约。

205. 减容业务的供电方案答复时限有何要求?

(《国家电网公司变更用电及低压居民新装(增

容）业务工作规范（试行）》营销业务〔2017〕40号第二十九条）

【答案】正式受理后，单电源用户15个工作日内完成，多电源用户30个工作日内完成。

206. 减容业务的受电工程竣工检验，客户需报验什么资料？

（《国家电网公司变更用电及低压居民新装（增容）业务工作规范（试行）》营销业务〔2017〕40号第三十六条）

【答案】对于普通用户，实行设计单位资质、施工图纸和竣工资料合并报验。

207. 为了节省施工成本，是否可以使用国家已经淘汰或禁止的设备？

（《国家电网公司变更用电及低压居民新装（增容）业务工作规范（试行）》营销业务〔2017〕40号第三十七条）

【答案】电气设备应符合国家的政策法规，不得使用国家明令禁止的电气设备。

208. 减容业务中，客户如需变更审核后的设计文件，应如何处理？

（《国家电网公司变更用电及低压居民新装（增容）业务工作规范（试行）》营销业务〔2017〕40号第三十二条）

【答案】用户应将变更设计内容重新送审。

209. 减容业务在竣工检验时，对于不具备调度条件的双（多）电源用户，要特别告知客户什么？

（《国家电网公司变更用电及低压居民新装（增容）业务工作规范（试行）》营销业务〔2017〕40号第三十七条）

【答案】双（多）路电源之间应有可靠的闭锁装置，自备电源管理要完善，单独接地和投切装置要符合要求。

210. 减容业务中，对设计文件的审核时限有何要求？

（《国家电网公司变更用电及低压居民新装（增容）业务工作规范（试行）》营销业务〔2017〕40号第三十二条）

【答案】设计文件审核受理后5个工作日内。

211. 减容后，客户手中的原用电合同需要变更吗？

（《国家电网公司变更用电及低压居民新装（增容）业务工作规范（试行）》营销业务〔2017〕40号第三十九条）

【答案】减容申请的合同需要变更，但非永久性减容可不重签供用电合同。

212. 具备条件的客户提出网上签约的请求，应如何帮助客户？

（《国家电网公司变更用电及低压居民新装（增容）业务工作规范（试行）》营销业务〔2017〕40号第四十条）

【答案】可探索利用密码认证、智能卡、手机令牌等技术手段。

213. 客户申请减容业务后，多久进行装表接电？

（《国家电网公司变更用电及低压居民新装（增容）业务工作规范（试行）》营销业务〔2017〕40号第四十二条）

【答案】竣工验收通过，签订合同并交纳相关费用后 5 个工作日内完成。

214. 减容业务办理的基本流程是什么？

（《“全能型”供电所岗位培训教材 · 综合柜员》）

【答案】业务受理→现场勘查→答复供电方案→竣工报验→竣工验收→装表接电→归档。

215. 申请减容恢复的答复供电方案时限是多久？

（电力营销业务应用系统知识库 ·减容恢复（河北））

【答案】正式受理后，单电源用户 15 个工作日内，多电源用户 30 个工作日内。

216. 申请减容恢复的设计文件审核时限是多久？

（电力营销业务应用系统知识库 ·减容恢复（河北））

【答案】设计文件受理环节完成后 5 个工作日内完成设计文件审核环节，出现多次设计审核情况，取时间跨度最大的一次。

217. 申请减容恢复的中间检查时限是多久？

（电力营销业务应用系统知识库 ·减容恢复（河北））

【答案】中间检查受理环节完成后 3 个工作日内

完成中间检查环节，出现多次中间检查情况，取时间跨度最大的一次。

218. 申请减容恢复的竣工检验时限是多久？

（电力营销业务应用系统知识库·减容恢复（河北））

【答案】竣工检验受理后 5 个工作日内完成；对有特殊要求的用户，按照与用户约定的时间完成。

219. 申请减容恢复的装表接电时限是多久？

（电力营销业务应用系统知识库·减容恢复（河北））

【答案】竣工验收通过，签订合同并交纳相关费用后 5 个工作日内完成；对有特殊要求的用户，按照与用户约定的时间完成。

220. 符合什么条件的用户可申请办理减容恢复？

（《国家电网公司变更用电及低压居民新装（增容）业务工作规范（试行）》营销业务〔2017〕40 号第四十六条）

【答案】①用户提出恢复用电容量的时间是否超过两年，超过两年的应按新装或增容办理；②用户同一自然人或同一法人主体的其他用电地址是否存在欠费，如有欠费则应给予提示。

221. 如何界定客户申请的是减容恢复业务？

（《国家电网公司变更用电及低压居民新装（增容）业务工作规范（试行）》营销业务〔2017〕40号第四十八条）

【答案】对申请减容恢复的用户，现场工作人员应核查用户是否恢复到减容之前的用电容量，如果超出减容前的用电容量，应按新装或增容手续办理。

222. 减容恢复业务的合同如何变更？

（《国家电网公司变更用电及低压居民新装（增容）业务工作规范（试行）》营销业务〔2017〕40号第五十一条）

【答案】减容恢复业务的合同变更，可以以“减容恢复申请单”作为原合同附件确认变更事项。如需重签供用电合同，则文本内容经双方协商一致后确定，由双方法定代表人、企业负责人或授权委托人签订，合同文本应加盖双方的“供用电合同专用章”或公章后生效。

223. 减容恢复业务换表时，客户需做些什么？

（《国家电网公司变更用电及低压居民新装（增容）业务工作规范（试行）》营销业务〔2017〕40号第五十二条）

【答案】装表接电人员完成减容恢复的换表（特抄）工作，并由用户在纸质电能计量装拆单或移动作业终端上签字（电子签名方式）确认表计底度。

224. 申请暂停及暂停恢复时，用户需提供什么资料？

（电力营销业务应用系统知识库·暂停业务（河北））

【答案】①客户需要签字确认“变更用电申请单”。②用电户主体证明。包括：法人代表有效身份证明（经办人办理时无需提供）、经加盖单位公章的营业执照（如无法提供加盖单位公章的营业执照时，可以提供组织机构代码证，宗教活动场所登记证，社会团体法人登记证书，军队、武警出具的办理用电业务的证明任一均可）。③委托代理人办理时，还需提供授权委托书（自然人用户不需要提供）和经办人有效身份证明。

225. 暂停业务的办理流程是什么？

（《“全能型”供电所岗位培训教材·综合柜员》）

【答案】业务受理→现场勘查→设备封停→归档。

226. 客户申请暂停后，变压器部分用电容量是否仍然可以继续使用？

（《国家电网公司变更用电及低压居民新装（增容）业务工作规范（试行）》营销业务〔2017〕40号第五十七条）

【答案】暂停用电必须是整台或整组变压器停止。

227. 用户申请暂停用电应提前多少个工作日申请？

（《国家电网公司变更用电及低压居民新装（增容）业务工作规范（试行）》营销业务〔2017〕40号第五十七条）

【答案】提前5个工作日提出申请。

228. 客户每次申请暂停用电的时限是多久？

（《国家电网公司变更用电及低压居民新装（增容）业务工作规范（试行）》营销业务〔2017〕40号第五十七条）

【答案】每次应不少于15天，每一日历年内暂停时间累计不超过6个月，次数不受限制。

229. 如果客户在每一日历年内暂停用电时间达到规定的时限要求还需继续停用时，应如何告知客户办理？

（《国家电网公司变更用电及低压居民新装（增容）业务工作规范（试行）》营销业务〔2017〕40号第五十七条）

【答案】当年内暂停累计期满6个月后，如需继续停用的，可申请减容，减容期限不受限制。

230. 用户申请暂停用电后，电费应如何计收？

（《国家电网公司变更用电及低压居民新装（增容）业务工作规范（试行）》营销业务〔2017〕40号第五十七条）

【答案】①暂停时间少于15天的，暂停期间基本电费照收。②自设备封停之日起，暂停部分免收基本电费。如暂停后容量达不到实施两部制电价规定容量标准的，应改为相应用电类别单一制电价计费，并执行相应的电价标准。③减容期满后的用户，两年内申办暂停的，不再收取暂停部分容量 50 %的基本电费。

231. 按最大需量计费方式的用户暂停后，合同中的最大需量核定值应如何申报？

（《国家电网公司变更用电及低压居民新装（增容）业务工作规范（试行）》营销业务〔2017〕40 号第五十七条）

【答案】按照暂停后总容量申报。

232. 一个日历年内对于暂停期满但未向供电企业申请恢复的用户，电费应如何计收？

（《国家电网公司变更用电及低压居民新装（增容）业务工作规范（试行）》营销业务〔2017〕40 号第五十七条）

【答案】暂停期满，用户无论是否申请恢复用电，供电企业须从期满之日起，恢复其原电价计费方式，达到两部制规定的容量标准的，按合同约定的容量计收其基本电费。

233. 申请暂停用电后，现场封停具体指的是什么？

（《国家电网公司变更用电及低压居民新装（增容）业务工作规范（试行）》营销业务〔2017〕40号第五十八条、五十九条）

【答案】指的是按照营业厅受理人员或服务调度人员与客户预约的时间，由相应工作人员组织到现场进行封停操作，并由客户在纸质电能计量装接单或移动作业终端上签字（电子签名方式）确认表计底度。

234. 暂停恢复业务的基本流程是什么？

（Q/GDW 1581—2014《国家电网公司供电客户服务提供标准》6.1.4.5）

【答案】受理客户申请→现场勘查→办理停电手续→收取相关营业费用→现场暂拆恢复→装表接电→设备启封→客户资料归档→服务结束。

235. 用户申请暂停恢复业务应提前多少个工作日提出申请？

（《国家电网公司变更用电及低压居民新装（增容）业务工作规范（试行）》营销业务〔2017〕40号第六十三条）

【答案】在申请恢复日前5个工作日提出。

236. 用户申请暂停恢复业务，在什么情况下暂停期间的基本电费照收？

（《国家电网公司变更用电及低压居民新装（增容）业务工作规范（试行）》营销业务〔2017〕40号第六十三条）

【答案】用户的实际暂停时间少于15天者，暂停期间基本电费照收。

237. 用户申请暂停恢复后，如何按照恢复后的容量计收电费？

（《国家电网公司变更用电及低压居民新装（增容）业务工作规范（试行）》营销业务〔2017〕40号第六十三条）

【答案】暂停恢复后容量再次达到实施两部制电价规定容量标准的，应将暂停时执行的单一制电价计费，恢复为原两部制电价计费。

238. 申请暂停恢复用电的客户，对其有何要求？

（《国家电网公司变更用电及低压居民新装（增

容）业务工作规范（试行）》营销业务〔2017〕40号第六十三条）

【答案】用户同一自然人或同一法人主体的其他用电地址的电费交费情况正常，如有欠费应予以提示。

239. 申请暂停恢复用电后，现场启封具体指的是什么？

（《国家电网公司变更用电及低压居民新装（增容）业务工作规范（试行）》营销业务〔2017〕40号第六十六条）

【答案】按照营业厅受理人员或服务调度人员与用户约定的时间，组织相关工作人员到现场实施启封操作，并由用户在纸质电能计量装接单或者移动作业终端上签字（电子签名方式）确认表计底度。

240. 申请移表业务时，用户需提供什么资料？

（电力营销业务应用系统知识库·移表业务(河北)）

【答案】①用户需要签字确认“变更用电申请单”；②有效身份证明复印件。

241. 移表业务办理的基本流程是什么？

（Q/GDW 1581—2014《国家电网公司供电客户服务提供标准》6.1.4.9）

【答案】受理客户申请→现场勘查→确认供电方案→签订供用电合同→装（换）表接电（含采集终端装拆）→客户资料归档和回访→服务结束。

注：①适用于迁址、分户、并户和改压。②具体流程的实施还需参照《国家电网公司业扩报装管理规则》（国网（营销/3）378—2017）的相关规定。

242. 用户移表需提前几个工作日提出申请？

（《国家电网公司变更用电及低压居民新装（增容）业务工作规范（试行）》营销业务〔2017〕40号第七十条）

【答案】提前5个工作日申请。

243. 用户在什么情况下需向供电企业提出移表申请？

（《“全能型”供电所岗位培训教材·综合柜员》

《供电营业规则》）

【答案】因修缮房屋或其他原因需要移动用电计量装置安装位置。

244. 在受理用户移表申请后，在确认核实哪些用电指标不变的情况下，方可办理？

（《供电营业规则》《国家电网公司变更用电及低压居民新装（增容）业务工作规范（试行）》营销业务〔2017〕40号第七十条）

【答案】在用电地址、用电容量、用电类别、供电点等不变，仅电能计量装置安装位置变化的情况下，可办理移表手续。

245. 移表业务在现场勘查、竣工验收、装表接电方面的时限标准是什么？

（电力营销业务应用系统知识库·移表业务(河北)）

【答案】5个工作日；对于有特殊要求的客户，按照与客户约定的时间完成。

246. 移表业务和迁址业务有区别吗？

（《"全能型"供电所岗位培训教材·综合柜员》）

【答案】在用电地址、用电容量、用电类别、供电点等不变的情况下，可办理移表手续。用电地址发生变化，电力设施迁移到新址用电的，按迁址办理，其中，供电点发生变化的，新址按照新装用电办理。

247. 申请暂拆及复装业务时，用户需提供什么资料？

（电力营销业务应用系统知识库·暂拆、复装(河北)）

【答案】①客户需要签字确认“变更用电申请单”。②自然人需提供身份证、军人证、护照、户口薄或公安机关户籍证明复印件，其中身份证明复印件姓名需与用电户名一致；法人或其他组织，其业务申请表需加盖公章，公章需与用电户名一致。③委托代理人办理时，还需提供授权委托书（自然人用户不需要提供）和经办人有效身份证明。

248. 暂拆业务办理的基本流程是什么？

（《“全能型”供电所岗位培训教材·综合柜员》）

【答案】业务受理→现场勘查→拆除计量→结清电费→归档。

249. 暂拆及复装业务的适用范围有哪些？

（《国家电网公司变更用电及低压居民新装（增容）业务工作规范（试行）》营销业务〔2017〕40号第八十条）

【答案】暂拆及复装适用于低压供电用户。

250. 暂拆及复装业务的时限标准是什么？

（电力营销业务应用系统知识库·暂拆、复装(河北)）

【答案】5个工作日。

251. 用户申请暂拆的时间最长不得超过多久？

（《国家电网公司变更用电及低压居民新装（增容）业务工作规范（试行）》营销业务〔2017〕40号第八十条）

【答案】最长不得超过6个月。

252. 用户超过暂拆规定时间要求复装接电的，应如何处理？

（《国家电网公司变更用电及低压居民新装（增容）业务工作规范（试行）》营销业务〔2017〕40号第八十条）

【答案】超出时限要求复装接电者，按新装手续办理。

253. 用户申请暂拆及复装业务后，其表计应如何处理？

（《国家电网公司变更用电及低压居民新装（增容）业务工作规范（试行）》营销业务〔2017〕40号第八十四条、八十五条）

【答案】由现场勘察人员结合现场条件判断：具备直接拆表/装表条件的，当场完成拆表/装表接电工作；不具备直接拆表/装表条件的，按约定的现场服务时间完成现场拆表/装表接电工作，并由客户在纸质“电能计量装拆单”或者移动作业终端上签字（电子签名方式）确认表计底度。

254. 用户申请更名业务时需要准备哪些资料？

（《“全能型”供电所岗位培训教材·综合柜员》）

【答案】（1）居民客户资料：户籍注册姓名变更的记录（如产权人已过世，公安部门出具的产权人过世死亡证明；经居委会或村委会签证的家属同意户名变更到申请人的书面材料）、新客户与原客户的身份证明、电费缴费卡或者提供近期电费发票或电表号。

（2）非居民客户资料：户名变更的证明材料（如物业托管协议等）、电费缴费卡或近期电费发票或电表号、提供工商部门出具的变更单位名称核准证明和用电主体资格证明材料。

255. 申请更名业务时的注意事项都有哪些？

（《国家电网公司变更用电及低压居民新装（增容）业务工作规范（试行）》营销业务〔2017〕40号第八十九条）

【答案】①在用电地址、用电容量、用电类别不变的条件下，可办理更名；②更名一般只针对同一法人及自然人的名称的变更。

256. 用户办理过户时，需提供的材料有哪些？

（电力营销业务应用系统知识库·过户（河北））

【答案】(1)客户需要签字确认“变更用电申请单”。

（2）房屋产权（现户）所有人有效身份证明原件。

（3）产权证明（复印件）或其他证明文书。

（4）用电户主体证明。包括：法人代表有效身份证明（经办人办理时无需提供）、经加盖单位公章的营业执照（或组织机构代码证，宗教活动场所登记证，社会团体法人登记证书，军队、武警出具的办理用电业务的证明）。

注：①以法人或其他组织名义办理时，此条资料必须提供；②非居民原户主此条非必备（即非居民办理时，可以不提供原户主的此条资料）。

（5）委托代理人办理时，还需提供法人授权委托书和经办人有效身份证明。

257. 在哪些用电情况不变的前提下，可以办理过户？

（《国家电网公司变更用电及低压居民新装（增容）业务工作规范（试行）》营销业务〔2017〕40号第九十四条）

【答案】在用电地址、用电容量、用电类别不变的条件下，可办理过户。

258. 原用户在未与供电企业结清电费的情况下，可否办理过户？

（《国家电网公司变更用电及低压居民新装（增容）业务工作规范（试行）》营销业务〔2017〕40号第九十四条）

【答案】不可以。

259. 对于预付费控的用户，办理过户时应特别注意些什么？

（《国家电网公司变更用电及低压居民新装（增容）业务工作规范（试行）》营销业务〔2017〕40号第九十四条）

【答案】要特别注意的是：与用户协商处理预付费余额。

260. 涉及电价优惠的用户，办理过户时应特别注意些什么？

（《国家电网公司变更用电及低压居民新装（增容）业务工作规范（试行）》营销业务〔2017〕40号第九十四条）

【答案】要特别注意的是：过户后需重新认定新用户是否能够享受电价优惠。

261. 原用户为增值税用户的，办理过户时应特别注意些什么？

（《国家电网公司变更用电及低压居民新装（增容）业务工作规范（试行）》营销业务〔2017〕40号第九十四条）

【答案】要特别注意的是：过户时必须办理增值税信息变更业务。

262. 办理过户业务有哪些时限标准？

（电力营销业务应用系统知识库·过户（河北））

【答案】①居民过户：5个工作日。②非居民过户：业务受理到合同签订时限为5个工作日；合同签订到归档为5个工作日。

263. 申请销户时，用户需提供什么资料？

（电力营销业务应用系统知识库·过户（河北））

【答案】(1)客户需要签字确认“变更用电申请单”。

（2）居民客户申请需要户主有效身份证明（如无法提供身份证时，可以提供军人证、护照、户口薄或公安机关户籍证明任一均可）。

（3）非居民和高压客户申请需要法人身份证原件；营业执照原件（如无法提供营业执照时，可以提供组织机构代码证、宗教活动场所登记证、社会团体法人登记证书、军队或武警出具的办理用电业务的证明）。

（4）委托代理人办理时，还需提供授权委托书；经办人有效身份证明。

（5）批量销户，还需提供拆迁许可证或政府相关拆迁证明；拆迁清单（含每户户号、表号、户名、地址）。

264. 销户业务的办理流程是什么？

（Q/GDW 1581—2014《国家电网公司供电客户服务提供标准》6.1.4.7）

【答案】业务受理→现场勘查→拆除采集终端或拆表停电→交纳并结清相关费用→归档→服务结束。

265. 用户申请销户业务后，在现场拆除计量装置后，需要向用户交代什么？

（《国家电网公司变更用电及低压居民新装（增容）业务工作规范（试行）》营销业务〔2017〕

40号第一百一十条、一百二十二条）

【答案】拆除表计装置后，应准确记录表计底度、拆表时间等信息，并由用户在纸质“电能计量装接单”或移动作业终端上签字（电子签字方式）确认表计底度。

266. 销户业务中电费如何结算？

（《国家电网公司变更用电及低压居民新装（增容）业务工作规范（试行）》营销业务〔2017〕40号第一百一十一条、一百一十二条）

【答案】系统计算拆表后电费，用户结清电费后完成销户流程；检查用户是否存在预收电费余额，若有预收电费余额，通知用户办理退费手续。（注：适用于高、低压销户）。

267. 改类业务分哪几项子类？

（《国家电网公司变更用电及低压居民新装（增容）业务工作规范（试行）》营销业务〔2017〕40号第十四章）

【答案】基本电价计费方式变更、调需量值、居民峰谷变更。

268. 申请改类时，用户需提供什么资料？

（电力营销业务应用系统知识库·改类（河北））

【答案】（1）居民峰谷变更：①客户需要签字确认“变更用电申请单”。②用电户主体证明。自然人需提供身份证、军人证、护照、户口薄或公安机关户籍证明任一均可。③委托代理人办理时需提供授权委托书、经办人有效身份证明。

（2）基本电价计费方式变更：①客户需要签字确认“变更用电申请单”。②用电户主体证明。经加盖单位公章的营业执照（如无法提供营业执照时，可以提供组织机构代码证、宗教活动场所登记证、社会团体法人登记证书、军队或武警出具的办理用电业务的证明）。③委托代理人办理时需提供授权委托书、经办人有效身份证明。

（3）调需量值：①客户需要签字确认“用户调整需量值申请表”。②用电户主体证明。经加盖单位公章的营业执照（或组织机构代码证、社会团体法人登记证书、军队或武警出具的办理用电业务的证明）。③委托代理人办理时需提供授权委托书、经办人有效身份证明。

269. 改类-基本电价计费方式变更适用于什么样的客户？

（《国家电网公司变更用电及低压居民新装（增容）业务工作规范（试行）》营销业务〔2017〕40号第一百二十八条）

【答案】基本电价计费方式变更只适用于执行两部制电价的用户。

270. 用户申请改类-基本电价计费方式变更业务，需提前多少个工作日申请？

（《国家电网公司变更用电及低压居民新装（增容）业务工作规范（试行）》营销业务〔2017〕40号第一百二十八条）

【答案】基本电价计费方式变更周期为按季度变更。用户可提前15个工作日向电网企业申请变更下一周期的基本电费计费方式。

271. 用户申请改类-基本电价计费方式变更业务，如需换表，在换表完成后如何对用户进行告知？

（《国家电网公司变更用电及低压居民新装（增容）业务工作规范（试行）》营销业务〔2017〕40号第一百三十一条）

【答案】按照与用户的约定时间完成计量装置与采集终端的更换作业，对相关计量设备进行加封，并由客户在纸质“电能计量装拆单”或移动作业终端上签字（电子签名方式）确认表计底度。

272. 用户申请改类-基本电价计费方式变更业务的承诺时限是多久？

（《国家电网公司变更用电及低压居民新装（增容）业务工作规范（试行）》营销业务〔2017〕40号第一百三十二条）

【答案】正式受理后，不需要换表的，在5个工作日归档，需要换表的，在10个工作日归档。

273. 改类-调需量值指的是什么？

（《国家电网公司变更用电及低压居民新装（增容）业务工作规范（试行）》营销业务〔2017〕40号第一百三十四条）

【答案】是指实施两部制电价的用户，根据下个月预计达到的用电最大负荷，申请调整需量核定值的业务。

274. 用户申请改类-调需量值应提前多少个工作日？

（《国家电网公司变更用电及低压居民新装（增容）业务工作规范（试行）》营销业务〔2017〕40号第一百三十六条）

【答案】提前5个工作日申请。

275. 用户申请改类-调需量值业务，合同的最大需量值应如何核定？

（《国家电网公司变更用电及低压居民新装（增容）业务工作规范（试行）》营销业务〔2017〕40号第一百三十六条）

【答案】申请最大需量核定值低于变压器容量和高压电动机容量总和的40 %时，按容量总和的40 %核定合同最大需量。

276. 用户申请改类-调需量值业务的承诺时限是多久？

（电力营销业务应用系统知识库·改类（河北））

【答案】正式受理后，在2个工作日内归档。

277. 改类-居民峰谷变更业务只适用于什么样的用户？

（《国家电网公司变更用电及低压居民新装（增容）业务工作规范（试行）》营销业务〔2017〕40号第一百四十一条）

【答案】只适用于执行低压居民电价且为“一户一表”电价的用户。

278. 用户申请改类-居民峰谷变更业务的承诺时限是多久？

（电力营销业务应用系统知识库·改类（河北））

【答案】正式受理后，不需要换表的5个工作日，需要换表的10个工作日归档。

279. 改压业务的办理流程是什么？

（电力营销业务应用系统知识库·改压（河北））

【答案】由受理客户申请开始，经过现场勘查、制订供电方案、图纸审核、中间检查、竣工验收、签订供用电合同、装（换）表接电、客户申请资料归档和回访等流程环节，服务结束。

280. 改压业务的注意事项有哪些？

（电力营销业务应用系统知识库 · 改压（河北））

【答案】改压的过程，不收取供电贴费；用户改压后超过原容量者，超过部分按增容手续办理。

281. 改压与改类业务的区别是什么？

（《“全能型”供电所岗位培训教材 · 综合柜员》）

【答案】用电受电装置不变，用电电价类别需要改变时，可以办理改类；因用户原因，在原址改变供电电压等级，可以办理改压。

282. 申请办理分户的用户，前提条件是什么？

（《供电营业规则》）

【答案】在用电地址、用电容量、供电点不变，且其受电装置具备分装的条件时，允许办理分户。

283. 申请办理分户及并户的用户，需提供什么资料？

（电力营销业务应用系统知识库 · 分户（河北））

【答案】（1）居民客户申请：①用电申请书；②房产证原件及复印件（如无法提供房产证时，可提供居委会、村委会出具的房屋权属证明原件及复印件，经房管部门备案的购房合同原件及复印件，明确房屋产权归属的人民法院或仲裁委员会生效的判决书、裁决书、调解书等法律文书原件及复印件，租赁合同原件及复印件，自建单位出具的权属证明原件及复印件，任一均可）；③房主身份证原件及复印件（如不是户主本人办理，还需提供授权委托书和经办人身份证原件及复印件）。

（2）非居民客户申请：①用电申请书；②房产证原件及复印件（如无法提供房产证时，可提供居委会、村委会出具的房屋权属证明原件及复印件，经房管部门备案的购房合同原件及复印件，明确房屋产权归属的人民法院或仲裁委员会生效的判决书、裁决书、调解书等法律文书原件及复印件，租赁合同原件及复印件，自建单位出具的权属证明原件及复印件，任一均可）；③房主身份证原件及复印件（如不是户主本人办理，还需提供授权委托书和经办人身份证原件及复印件），营业执照原件及复印件（如无法提供营业执照时，可提供组织机构代码证原件及复印件），税务登记证原件及复印件（如无法提供税务登记证时，可提供一般纳税人资格证原件及复印件）。

284. 办理分户业务时，对原用户和新用户有何要求？

（《供电营业规则》）

【答案】原用户要与供电企业结清所有债务；新用户要与供电企业重新建立供用电关系。

285. 办理分户业务的流程是什么？

（电力营销业务应用系统知识库·分户（河北））

【答案】由受理客户申请开始，经过现场勘查、制订供电方案、图纸审核、中间检查、竣工验收、签订供用电合同、装（换）表接电、客户申请资料归档和回访等流程环节，服务结束。

286. 分户容量如何确定？

（《供电营业规则》）

【答案】原用户的用电容量由分户者自行协商分割，分户后如有增加用电容量需求的，按照新装（增容）手续办理。

287. 申请办理并户的用户，需符合什么条件？

（《供电营业规则》）

【答案】同一供电点、同一用电地址的相邻两个及以上用户允许办理并户。

288. 办理并户业务时，对原用户有何要求？

（《供电营业规则》）

【答案】原用户应在并户前向供电企业结清所有债务。

289. 办理并户业务的流程是什么？

（电力营销业务应用系统知识库·并户（河北））

【答案】由受理客户申请开始，经过现场勘查、制订供电方案、图纸审核、中间检查、竣工验收、签订供用电合同、装（换）表接电、客户申请资料归档和回访等流程环节，服务结束。

290. 并户后，对新用户的用电容量有何要求？

（《供电营业规则》）

【答案】新用户的用电容量不得超过并户前各户容量的总和。

291. 哪些用户可以申请电采暖业务？

（电力营销业务应用系统知识库 · 电采暖（河北））

【答案】以电能为主要能源采暖方式的居民用户。集中供暖已覆盖区域原则上不再享受清洁能源供暖价格政策。

292. 执行电采暖政策是否有地域限制？

（电力营销业务应用系统知识库 · 电采暖（河北））

【答案】无地域限制。

293. 电采暖是不是居民照明用电的优惠政策？

（电力营销业务应用系统知识库 · 电采暖（河北））

【答案】不是。电采暖是每年 11 月份到次年 3 月份采暖期用电价格，按照阶梯电价一档标准执行，非供暖期用电按现行居民阶梯电价政策执行。

294. 已办理电采暖的用户，在每年进入采暖期之前，是否还需要重新申请？

【答案】不需要再次申请，系统直接默认执行。

295. 电采暖政策每年是否都一致？

【答案】电采暖政策属于国家政策，每年是否有变动，供电公司无法确定。

296. 临时用电的适用对象有哪些？

（《供电营业规则》第十二条）

【答案】对基建工地、农田水利、市政建设等非永久性用电，可供给临时电源。

297. 临时用电是否收取定金？

【答案】不收取定金。

电费电价类

298. 居民用电峰谷分时电价的适用范围有哪些？

（河北省物价局《关于居民用电实行峰谷分时电价政策的通知》冀价管〔2015〕185号）

【答案】河北省南部电网范围内供电企业能够直接抄表到户的居民用户（含执行居民电价的非居民用户，不含多户居民共用一块电表计量的用户），以及城乡居民住宅小区公用附属设施用电（不包括从事生产、经营活动用电）。

299. 如何划分居民分时峰谷时段？

（河北省物价局《关于居民用电实行峰谷分时电价政策的通知》冀价管〔2015〕185号）

【答案】峰谷时段划分：峰段 8:00—22:00；谷段 22:00—次日 8:00。

300. 居民峰谷分时电价应如何执行？

（河北省物价局《关于居民用电实行峰谷分时电价政策的通知》冀价管〔2015〕185号）

【答案】①执行阶梯电价的居民用户：用电电压等级不满 1 kV 的，第一档峰段电价为 0.55 元/（kW·h）、谷段电价 0.30 元/（kW·h）；用电电压等级为 1～10 kV 的，第一档峰段电价为 0.50 元/（kW·h）、谷段电价 0.27 元/（kW·h）。第二、三档峰、谷电价分别在第一档电价基础上加价 0.05 元/（kW·h）、0.30 元/（kW·h）。②执行合表电价的用户：用电电压等级不满 1 kV 的，峰段电价为 0.57 元/（kW·h）、谷段电价 0.31 元/（kW·h）；用电电压等级为 1～10 kV 的，峰段电价为 0.52 元/（kW·h）、谷段电价 0.28 元/（kW·h）。

301. 暂不实行峰谷分时电价的用户有哪些？

（《河北省物价局关于提高电网电价的通知》冀价管字〔2008〕61号、《河北省物价局关于落实峰谷分时电价有关事项的通知》冀价管〔2014〕

124号、《河北省物价局关于明确电价有关政策的通知》冀价管〔2016〕153号）

【答案】电网企业供电营业区域内的电力用户均实行峰谷分时电价（国家和省另有规定的除外）。

（1）根据文件规定，河北供电营业区域内暂不实行峰谷分时电价的用户如下所列：

①铁路、行政机关、学校（不含校办工商企业）、部队（武警）、监狱（含劳教所[①]、看守所，不含生产经营企业）、医院、城乡供水（供热、供气）、城乡路灯和农业生产用电；

②广播电视站无线发射台（站）、转播台（站）、差转台（站）、监测台（站）；

③商场（含商业综合体）、超市、餐饮店（馆）和宾馆用户（自愿选择实行峰谷分时电价的用户除外）；

④商业用电、非居民照明用电不实行尖峰电价；

[①] 2013年11月15日，《中共中央关于全面深化改革若干重大问题的决定》报告，废止劳动教养制度。

⑤农产品批发市场、农贸市场、农产品冷链物流的冷库用电（自愿选择实行峰谷分时电价的用户除外）。

（2）尖峰电价实行范围：大工业用户和受电变压器容量在100 kV·A及以上的非普工业用户。

（3）“双蓄”低谷电价实行范围：拥有电蓄热采暖和电蓄冰制冷设备的用户，其低谷用电执行“双蓄”电价。

302. 工商业及其他用电分时电价的时段如何划分？

【答案】

高峰时段 9:00—12:00；17:00—22:00。

平段时段 8:00—9:00；12:00—17:00；22:00—24:00。

低谷时段 0:00—8:00。

尖峰时段 10:00—12:00；21:00—22:00。

（每年6、7、8月份）

303. 居民自愿申请开通峰谷分时电价后，执行时间是如何规定的？

（河北省物价局《关于居民用电实行峰谷分时电

价政策的通知》冀价管〔2015〕185号）

【答案】如用户家中已安装了峰谷分时电能表，自工作人员对电表进行峰谷时段和电价等相关参数调试完成后，开始按照分时电价结算；如用户家中电表不具备峰谷分时功能，供电企业免费给用户安装峰谷分时电能表，自换表之日起，开始按照分时电价结算。

304. 电采暖分时电价的时段应如何划分？

【答案】（1）纳入"煤改电"名录内的客户，可选择执行峰谷分时电价，执行时间不受年度周期限制。采暖期峰谷时段：峰段8:00－20:00，谷段20:00—次日8:00；非采暖期峰谷时段：峰段8:00—22:00，谷段22:00—次日8:00。

（2）"电采暖"居民用户，可选择执行峰谷分时电价，执行时间以年度为周期。峰谷时段：峰段8:00－22:00，谷段22:00—次日8:00。

（3）"禁煤区电采暖"居民用户，可选择执行峰谷分时电价，执行时间不受年度周期限制。峰谷时段：峰段8:00－22:00，谷段22:00—次日8:00。

305. 电采暖用户按什么电价进行收费？

（《河北省发展和改革委员会关于清洁供暖有关价格政策的通知》冀发改价格〔2017〕1376号）

【答案】每年11月份到次年3月份采暖期用电价格，按照阶梯电价一档标准执行，非供暖期用电按现行居民阶梯电价政策执行。具体如下：

（1）不满1 kV“一户一表”未开通分时电价的：0.52元/（kW·h）；

（2）不满1 kV“一户一表”开通分时电价的：峰段0.55元/（kW·h），谷段0.30元/（kW·h）；

（3）1～10 kV及以上“一户一表”未开通分时电价的：0.47元/（kW·h）；

（4）1～10 kV及以上“一户一表”开通分时电价的：峰段0.5元/（kW·h），谷段0.27元/（kW·h）。

306. 采暖期结束（非供暖期），是否继续执行阶梯电价？阶梯月数是几个月？涉及多少电量？

（《河北省发展和改革委员会关于清洁供暖有关价格政策的通知》冀发改价格〔2017〕1376号）

【答案】采暖期结束后继续执行居民阶梯电价，

阶梯电量按 8 个月计算，即第一阶梯为 180×8=1440 kW·h，第二阶梯为 280×8=2240 kW·h，2240 kW·h 以上为第三档电量。

307. 企业用户如何办理电采暖，执行什么电价？

（《河北省发展和改革委员会关于清洁供暖有关价格政策的通知》冀发改价格〔2017〕1376 号）

【答案】企业尚未有电采暖优惠政策，企业电采暖执行工商业及其他用电电价。

308. 用户家中已申请改类（电采暖），但现场电表显示时段错误，电费是否可以退补？

【答案】①如用户家中电表时段显示错误，需重新下发时段参数查看是否正确，如果确实错误会给用户更换一块新表。②如存在因表计时段错误导致错误计量，更换新表后，将以下次抄表例日新表所用电量为依据，对旧表进行电量电费差错退补。退补方式：对自改类（电采暖）流程的虚拆示数至换表时拆表示数的电量重新算费，进行电量电费差错退补。③如表计时段已下发成功，原则上不再进行退补电费。④如用户想具体知晓自家电费是否可以退补，详细记录客户的用户编号、用户姓名、联系方式、联系地址等客户信息，根据相关业务规范进行处理。

309. 远程费控用户如果使用到了阶梯差价，是否需要在下次购电时补差价？

（《国网河北省电力公司营销远程实时费控应用指导手册》）

【答案】远程费控系统会根据用户的实际用电情况测算电费并在帐户余额中扣除，不需要在下次购电时补差价。

310. 用户反映已缴电费却仍收到“提醒购电短信/预警短信”，经查询业务支持系统不显示“欠费”，原因是什么？

（《国网河北省电力公司营销远程实时费控应用指导手册》）

【答案】一般分为三种情况：①客户缴费金额不足，系统测算余额刚好在预警值内；②由于系统原因，可能会出现短信发送“排队”现象，导致短信发送延迟；③电费测算时间和短信发送时间不同步。

311. 远程费控表用户欠费停电缴费后，咨询多长时间系统能自动复电，如何答复？

（《国网河北省电力公司营销远程实时费控应用指导手册》）

【答案】①一般情况下，1～2 h 内可自动复电成功，系统送电偶尔会有延时。若用户再次拨打95598，客服专员详细记录用户信息后，根据相关业务规范处理，安排工作人员手动重新下发复电指令，重新下发失败的，将进行现场复电。②如用户手机接收的复电短信中有“请合闸”字眼的，需要用户将自家电表下的电闸合好，如仍然不能复电，客服人员详细记录用户信息后，根据相关业务规范处理。

312. 用户缴费后，通过“支付宝”或“网上国网”等渠道查询可用电费余额没有变化，原因是什么？

（《国网河北省电力公司营销远程实时费控应用指导手册》）

【答案】由于缴费后系统需要进行测算和余额比较，余额更新可能会有延时，一般会在24 h内到账，可以过一段时间或第二天再次查看。用户在代收点缴费后，打印的电费票据上会显示当前余额（当天测算余额+当天缴费金额）。

313. 新电表相比旧电能表的优势有哪些？

（《国网河北省电力公司营销远程实时费控应用指导手册》）

【答案】①更换的远程费控表在缴费方式上更加多样化，在原来的缴费方式上，增加了网络线上和手机App等支付方式，免除了持卡购电、保存电卡的烦恼，用户不再需要拿着电卡到电表上充值，避免了充值失败、充值卡失效、电卡丢失所造成的不便；②预缴电费直接存入用户的电费账户，而不是存入电能表中，保障了用户的资金安全；③通过预警、停电短信提醒用户的用电情况；④新电表还支持多种电价的变更（比如申请多人口分表或合表电价），减少了用电的不便。

314. 更换电能表后，旧电表的电费和电卡中的电费如何处理？原来的购电卡是否还有用？

（《国网河北省电力公司营销远程实时费控应用指导手册》）

【答案】改造为远程费控电表后，原电表、电卡中剩余电量会自动转为新表电费。原来的购电卡已不能使用，也不能再次购电，缴费时只需提供客户编号即可。

315. 新电表是不是比旧电表走得快？

【答案】新型电能表不存在比旧表速度更快的现象，新型电能表与原电能表的精准度等级相同，不会多计电量，不会存在比旧电表走得快的情况。如用户对电表的准确度有异议，可向所属供电公司申请验表。

316. 居民生活用电价格的适用范围有哪些？

（《河北省物价局关于居民生活用电价格适用范围的通知》冀价管〔2014〕167号）

【答案】（1）居民生活用电价格是指城乡居民家

庭住宅，以及机关、部队、学校、企事业单位集体宿舍的生活用电价格。城乡居民住宅小区公用附属设施用电（不包括从事生产、经营活动用电），学校教学和学生生活用电、社会福利场所生活用电、宗教场所生活用电、城乡社区居民委员会服务设施用电以及监狱监房生活用电，执行居民生活用电价格。

（2）具体规定如下：

①学校教学和学生生活用电执行居民生活用电价格。学校教学和学生生活用电是指学校的教室、图书馆、实验室、体育用房、校系行政用房等教学设施，以及学生食堂、澡堂、宿舍等学生生活设施用电。执行居民生活电价的学校，是指经国家有关部门批准，由政府及其有关部门、社会组织和公民个人举办的公办、民办学校。

②社会福利场所生活用电执行居民用电价格。社会福利场所生活用电指经县级及以上人民政府民政部门批准，由国家、社会组织和公民个人举办的，为老年人、残疾人、孤儿、弃婴提供

养护、康复、托管等服务场所的生活用电。

③宗教场所生活用电是指经县级及以上人民政府宗教事务部门登记的寺院、宫观、清真寺、教堂等宗教活动场所常住人员和外来暂住人员的生活用电。不含经营性和非生活设施用电。

④部队生活用电是指部队（含武警）营区内宿舍的生活用电。不含办公、训练、装备、指挥等用电。部队生活用电执行居民生活用电价格。

⑤城乡居民住宅小区公用附属设施用电，执行居民生活电价。城乡居民住宅小区公用附属设施用电是指城乡居民住宅小区（村庄）内的公共场所照明、电梯、电子防盗门、电子门铃、消防、绿地、门卫、车库等非经营性用电，以及居民小区用水增压水泵、居民供热终端换热站、居民小区电锅炉供暖、中央空调（含国家鼓励的热泵技术供暖、制冷）用电。不包括小区（村庄）内的生产和经营性场所用电，以及属市政、交通等部门管理的道路照明用电。

⑥博物馆、图书馆、会展中心、纪念馆和全

国爱国主义教育示范基地等免费开放的公益性文化单位用电。

⑦农村饮水安全工程供水用电是指乡镇及其以下农村居民饮水工程用电。饮水工程同时用于非居民用水的，应按照供水比例确定相应的用电量。

⑧监狱监房生活用电。

317. 哪些用电属于商业用电？

（《国家计委电力工业部关于冀南电网峰谷分时电价实施办法的批复》计价管〔1996〕828号）。

【答案】应用范围：凡从事商品交换或商业、金融、服务性的有偿服务所需的电力。包括：①商场、商店、物资供销、仓储、服装家具店、洗染店、宾馆、招待所、旅社、酒家、茶座、咖啡厅、餐馆等用电；②美容美发厅、浴室、录像放映点、影剧院、游戏机室、彩扩摄像店、歌舞厅、卡拉OK厅等用电；③金融、保险、旅游点、房地产经营、咨询服务等用电；④电子计算业及其他综合技术服务事业等用电。

318. 哪些用电属于非居民照明？

（《国家计委电力工业部关于印发河北省电网电价表的通知》计物价〔1993〕1122号）。

【答案】应用范围：原《电、热价格》中照明用电除居民生活用电和商业用电以外部分。包括：①一般照明用电；②铁道、航运等信号灯用电；③霓虹灯、荧光灯、弧光灯、水银灯（电影制片厂摄影棚水银灯除外）、非对外营业的放映机用电；④电扇、电熨斗、电钟、电铃、收音机、电动留声机、电视机、电冰箱等电器用电；⑤总容量不足3 kW的晒图机、医疗用X光机、无影灯、消毒等用电；⑥以电动机带动发电机或整流器整流供给照明之用电；⑦除上列各项用电的其他非工业用的电力、电热，其用电设备总容量不足3 kW而又无其他非工业用电者；⑧工业用单相电动机，其总容量不足1 kW，或工业用单相电热，其总容量不足2 kW，而又无其他工业用电者；⑨市政部门管理的公用道路、桥梁、码头照明用电；公共厕所、公共水井用灯、标准钟、报时电笛及公安部门交通指挥灯、公安指示灯、警亭用电、不收门票的公园内路灯等用电。

319. 哪些用电属于普通工业电价范围？

（《水利电力部关于颁发〈电、热价格〉的通知》水电财字〔1975〕67号）

【答案】（1）应用范围。凡以电为原动力，或以电冶炼、烘焙、熔焊、电解、电化的一切工业生产，其受电变压器容量不足320 kV·A或低压受电，以及在上述容量、受电电压以内的下列各项用电。

①机关、部门、学校及学术研究、试验等单位的附属工厂，有产品生产并纳入国家计划或对外承受生产、修理业务的生产用电。

②铁道、地下铁道、航运、电车、电讯、下水道、建筑部门及部队等单位所属的修理工厂生产用电。

③自来水厂、工业试验、照相制版工业水银灯用电。

（2）其他规定。

①普通工业用户的照明用电（包括生活照明和生产照明）应分表计量。如不能分表计量，可根据实际情况合理分算照明电度，按照明电价计收电费。

②315 kV · A 以下污水处理厂用电。（冀价管字〔2007〕80 号）

320. 哪些用电属于非工业电价范围？

（《水利电力部关于颁发〈电、热价格〉的通知》水电财字〔1975〕67 号）

【答案】（1）应用范围。凡以电为原动力，或以电冶炼、烘焙、熔焊、电解、电化的试验和非工业生产，其总容量在 3 kW 及以上者。如下列各种用电：

①机关、部门、商店、学校、医院及学术研究、试验等单位的电动机、电热、电解、电化冷藏等用电。

②铁道、地下铁道（包括照明）、管道输油、航运、电车、电讯、广播、仓库、码头、飞机场

及其他处所的加油站、打气站、充电站、下水道等电力用电。

③电影制片厂摄影棚水银灯用电和专门对外营业的电影院、剧院、电影放映队、宣传演出队的影剧场照明、通风、放映机、幻灯机等用电。

④基建工地施工用电（包括施工照明）。

⑤地下防空设施的通风、照明、抽水用电。

⑥有线广播站电力用电（不分设备容量大小）。

（2）其他规定。

①在非工业用户中，除地下铁道、基建工地和地下防空设施的照明以外，其他用电户的生产照明，都应按非居民照明电价计费。

②冷藏用电。（冀价工函字〔2000〕26号）

③以上涉及的部队营房、学校教学执行居民生活用电电价。（冀价管字〔2007〕3号、发改价格〔2007〕2463号）

④以上涉及的从事商品交换或商业、金融、服务性的有偿服务的用电执行商业电价。（计价管〔1996〕828号）

⑤以上涉及的电气化铁路牵引站执行大工业电价。（价工字〔1993〕126号）。

321. 哪些用电属于大工业电价范围？

（《水利电力部关于颁发〈电、热价格〉的通知》水电财字〔1975〕67号）

【答案】应用范围：凡以电为原动力，或以电冶炼、烘焙、熔焊、电解、电化的一切工业生产，受电变压器容量在320 kV·A及以上者，如下列各种用电：

①机关、部门、学校及学术研究、试验等单位的附属工厂（凡以学生参加劳动实习为主的校办工厂除外），有产品生产，或对外承受生产及修理业务的生产用电。

②铁道（包括地下铁道）、航运、电车、电讯、下水道、建筑部门及部队等单位所属的修理工厂用电。

③自来水厂、工业试验、照相制版工业水银灯用电。

④电气化铁路用电。（价工字〔1993〕126号）

⑤315 kV·A 及以上的污水处理厂用电。（冀价管字〔2007〕80 号）

322. 哪些用电属于农业生产电价范围？

（《国家发展改革委关于调整销售电价分类结构有关问题的通知》（发改价格〔2013〕973 号））

【答案】（1）应用范围。

①农业用电是指各种农作物的种植活动用电。包括谷物、豆类、薯类、棉花、油料、糖料、麻类、烟草、蔬菜、食用菌、园艺作物、水果、坚果、含油果、饮料和香料作物、中药材及其他农作物种植用电。

②林木培育和种植用电是指林木育种和育苗、造林和更新、森林经营和管护等活动用电。其中，森林经营和管护用电是指在林木生长的不同时期进行的促进林木生长发育的活动用电。

③畜牧业用电是指为了获得各种畜禽产品而从事的动物饲养活动用电，以及养殖场、养殖小区的畜禽等养殖污染防治设施运行用电。不包括专门供体育活动和休闲等活动相关的禽畜饲养用电。

④渔业用电是指在内陆水域对各种水生动物进行养殖、捕捞，以及在海水中对各种水生动植物进行养殖、捕捞活动用电。不包括专门供体育活动和休闲钓鱼等活动用电以及水产品的加工用电。

⑤农业灌溉用电是指为农业生产服务的灌溉及排涝用电。

⑥农产品初加工用电是指对各种农产品（包括天然橡胶、纺织纤维原料）进行脱水、凝固、去籽、净化、分类、晒干、剥皮、初烤、沤软或大批包装，以及农民专业合作社对其社员的农产品进行初级加工、贮藏，以提供初级市场的用电和秸秆切割、粉碎、成型等初加工用电。

（2）其他规定。

①西柏坡纪念馆浇灌抽水泵用电执行农业生产电价。（冀价管字〔2006〕77号）

②水库移民村农业生产用电全部执行贫困县农业排灌电价。（冀价管字〔2007〕81号）

③水库移民村养殖业用电执行贫困县农业排灌电价。（冀价管函字〔2007〕26号）

④贫困县农业排灌电量执行贫困县农业排灌电价。（冀价重〔1993〕133号、冀扶贫〔1994〕5号、冀价重字〔1994〕126号）

⑤农业生产用电价格是指农业、林木培育和种植、畜牧业、渔业生产用电，农业灌溉用电，以及农产品初加工用电的价格。

⑥以农、林、牧、渔产品为原料进行的谷物磨制、饲料加工、物油和制糖加工、屠宰及肉类加工、水产品加工，以及蔬菜、水果、坚果等食品加工用电不执行农业生产电价。

323. 新装客户应执行何种电价？

（《供电营业规则》）

【答案】核定电价的依据是用电性质、电压等级和用电容量。所以，应首先询问客户的用电性质，应根据客户所从事的经营生产活动判断。对具体的电价类别或单项电价不明确的，应告知客户办理新装手续后，工作人员会到现场勘查并根据客户实际用电性质确定。

324. 养老院、工厂宿舍、食堂、加油站、学校图书馆、医院、基建施工、400 kV·A 商场、250 kV·A 瓷砖制造厂、400 kV·A 面粉厂、居民楼内棋牌室分别执行什么电价？

【答案】养老院、学校图书馆执行居民生活电价；工厂宿舍、食堂执行非居民照明电价；加油站、400 kV·A 商场、居民楼内棋牌室执行商业电价；医院、基建施工执行非工业电价；250 kV·A 瓷砖制造厂执行普通工业电价；400 kV·A 面粉厂执行大工业电价。

325. 基本电费的结算方式有哪些？可否由客户选择？是否能随意变更？

（《河北省物价局关于完善两部制电价用户基本电价执行方式的通知》冀价管〔2016〕180 号）

【答案】基本电费的结算方式有两种：①按受电容量计收；②按最大需量计收。

2016 年 7 月 1 日之后，根据"冀价管〔2016〕180 号"文件规定：基本电价按变压器容量或按最大需量计费，由电力用户自行选择。基本电价计费方式变更周期从现行按年调整为不少于 90 天变更，电力用户可在电网企业下一个月抄表之日前 15 个工作日，向当地电网企业申请变更下一季度的基本电价计费方式。

326. 卡表用户缴费金额与实际到户金额不符，是什么原因造成的？

【答案】如遇此类情况，是因为用户用电产生阶梯，因卡表只会按照第一档的电价扣费，而 SG 186 系统是按照客户实际用电情况计费，所以用户在产生阶梯后交费时，系统会自动扣除阶梯差价，导致到户金额与实际缴费金额不符。

327. 为什么不建议卡表用户网上购电？

【答案】网上购电针对的是远程费控用户。卡表用户因为系统与电表不同步，还需要把缴费信息写到电卡上，再插卡用电。

328. 什么样的用户执行居民合表电价？

（《河北省居民生活用电试行阶梯电价实施方案》

冀价管〔2012〕48号、河北省物价局《关于居民生活用电试行阶梯电价有关问题的通知》冀价管〔2012〕63号）

【答案】①合表居民客户，即在一个用电户下，有2个及以上独立房产证明的住宅，共用一套计量表计。②家庭户籍人口在5人（含5人）以上的用户可申请；执行居民用电价格的非居民用户也可申请。③合表居民客户用电价格在现行电价基础上提高0.016 2元（kW·h），目前为0.536 2元/（kW·h）。

329. 哪些非居民用电执行居民电价？其是否执行阶梯电价？

【答案】（1）学校教学、学生生活用电执行居民用电价格。学校教学和学生生活用电是指学校的教师、图书馆、实验室、体育用房、校系行政用房等教学设施，以及学生食堂、澡堂、宿舍等学生生活设施用电。不含各类经营性培训机构，如驾校、烹饪、美容美发、语言、电脑培训等。（冀价管字〔2007〕78号、发改价格〔2007〕2463号）

（2）经民政部门审批、登记的福利性、非营利性的养老服务机构，包括：社会福利院、老年公寓、养老院、护理院、托老所、敬老院、老年服务中心、康复指导中心等。不论公办还是民办，其用电价格一律按照居民生活用电价格执行。（冀价管字〔2008〕27号）

（3）部队（含武警）营房（工商业、服务业除外）用电，执行居民生活用电价格。（冀价管字〔2007〕3号）

（4）从事以中央空调为居民供热、供冷为目的的非盈利性物业公司中央空调用电，执行居民生活照明电价。（冀价工字〔2005〕50号）

（5）城镇居民自烧锅炉取暖用电、居民生活自备井用电和社区居委会办公用电，按一般工商业及其他类电价执行。（冀价管函字〔2007〕14号）

（6）城乡居民小区内的楼道灯、停车场（库）、庭院、电梯等直接用于居民生活的用电，执行居民生活电价。（冀价管字〔2009〕96号）

以上执行居民类合表电价，不执行阶梯电价。

咨询及其他类

330. 验表需要带哪些资料？

（95598 知识库）

【答案】

申请资料	收费标准	业务表单及合同名称	承诺时限	办理流程
（1）户名为个人的客户： ①购电卡（如不能提供购电卡时，可提供用户编号、电费单、电表表号）； ②户主身份证原件及复印件，如受用电人委托办理业务，还需提供经办人的身份证原件及复印件	不收费	用电申请表	受理客户计费电能表校验申请后，5个工作日内出具检测结果	业务受理→现场检测派工→现场校验参数下载→现场校验录入→校验结果处理→（故障差错处理→确定结算费用→结算费用收取）→信息归档→归档

续表

申请资料	收费标准	业务表单及合同名称	承诺时限	办理流程
（2）户名为单位的客户： ①购电卡（如不能提供购电卡时，可提供用户编号、电费单、电表表号）； ②经办人身份证原件及复印件，需在《用电申请表》加盖公章 【注意】如不能提供身份证原件及复印件时，可提供房产证原件及复印件。租房户可在征得户主同意的情况下，携带租房协议办理	不收费	用电申请表	客户提出抄表数据异常后，7个工作日内核实并答复	原则上在客户现场验表，对现场无条件验表、现场无法判断验表结果、部分供电所不能开展的项目等特殊情况下，工作人员将表拆回送供电公司计量室或政府质量监督部门指定的机构检定

331. 客户是否可以自行选择不更换远程费控表？

【答案】不能。目前电能表采取全国统一招标采购方式，随着科学技术的发展，电能表的更新换代非常快，插卡式电能表是上一代电能表，很多电能表公司已经不再生产，为保障电能表质量，故已停止购买。今后的电能表会逐步更换为远程费控智能电能表。

332. 计量表计应安装在什么位置？

（《供电营业规则》）

【答案】用电计量装置原则上应装在供电设施的产权分界处。如产权分界处不适宜装表的，对专线供电的高压用户，可在变电站出口装表计量；对公用线路供电的高压用户，可在用户受电装置的低压侧计量。当用电计量装置不安装在产权分界处时，线路与变压器损耗的有功与无功电量均须由产权所有者负担。

333. 客户申请校验电能计量装置的答复时限是多久？

【答案】自受理客户申请校表之日起，5个工作日内出具校验结果，客户提出抄表数据异常后，7个工作日内核实并答复。

334. 客户咨询业扩办理进度，应如何查询？

【答案】客户可凭借申请业务时，营业厅出具的《用电申请表》上的工单编号自行线上查询，或是经供电企业营业厅进行查询。

335. 窃电行为包括哪些？

（《供电营业规则》）

【答案】窃电行为包括：在供电企业的供电设施上，擅自接线用电；绕越供电企业用电计量装置用电；伪造或者开启供电企业加封的用电计量装置封印用电；故意损坏供电企业用电计量装置；故意使供电企业用电计量装置不准或者失效；采用其他方法窃电。

336. 窃电处理的依据是什么？

（《供电营业规则》）

【答案】

（1）供电企业对查获的窃电者，应予制止，并可当场中止供电。窃电者应按所窃电量补交电费，并承担补交电费三倍的违约使用电费。拒绝承担窃电责任的，供电企业应报请电力管理部门依法处理。窃电数额较大或情节严重的，供电企业应提请司法机关依法追究刑事责任。

（2）窃电量按下列方法确定：①在供电企业的供电设施上，擅自接线用电的，所窃电量按私接设备额定容量（千伏安视同千瓦）乘以实际使用时间计算确定；②以其他行为窃电的，所窃电量按计费电能表标定电流值（对装有限流器的，按限流器整定电流值）所指的容量（千伏安视同千瓦）乘以实际窃用的时间计算确定。窃电时间无法查明时，窃电日数至少以180天计算。每日窃电时间，电力用户按12 h计算，照明用户按6 h计算。

337. 违约用电问题包括哪些？

（电力供应与使用条例）

【答案】用户不得有下列危害供电、用电安全，扰乱正常供电、用电秩序的行为：

（1）擅自改变用电类别；

（2）擅自超过合同约定的容量用电；

（3）擅自超过计划分配的用电指标；

（4）擅自使用已经在供电企业办理暂停使用手续的电力设备，或者擅自启用已经被供电企业查封的电力设备；

（5）擅自迁移、更动或者擅自操作供电企业的用电计量装置、电力负荷控制装置、供电设施以及约定由供电企业调度的用户受电设备；

（6）未经供电企业许可，擅自引入、供出电源或者将自备电源擅自并网。

338. 违约用电处理的依据是什么？

（《供电营业规则》）

【答案】危害供用电安全、扰乱正常供用电秩序行为，属于违约用电行为。供电企业对查获的违约用电行为应及时予以制止。有下列违约用电行为者，应承担其相应的违约责任：

（1）在电价低的供电线路上，擅自接用电价高的用电设备或私自改变用电类别的，应按实际使用日期补交其差额电费，并承担两倍差额电费的违约使用电费。使用起讫日期难以确定的，实际使用时间按3个月计算。

（2）私自超过合同约定的容量用电的，除应拆除私增容设备外，属于两部制电价的用户，应补交私增设备容量使用月数的基本电费，并承担三倍私增容量基本电费的违约使用电费；其他用户应承担私增容量50元/kW的违约使用电费。如用户要求继续使用者，按新装增容办理手续。

（3）擅自超过计划分配的用电指标的，应承担高峰超用电力1元/（kW·次）和超用电量与现行电价电费5倍的违约使用电费。

（4）擅自使用已在供电企业办理暂停手续的电力设备或启用供电企业封存的电力设备的，应停用违约使用的设备。属于两部制电价的用户，应补交擅自使用或启用封存设备容量和使用月数的基本电费，并承担两倍补交基本电费的违约使用电费；其他用户应承担擅自使用或启用封存设备容量每次 30 元/kW 的违约使用电费。启用属于私增容被封存的设备的，违约使用者还应承担本条第 2 项规定的违约责任。

（5）私自迁移、更动和擅自操作供电企业的用电计量装置、电力负荷管理装置、供电设施以及约定由供电企业调度的用户受电设备者，属于居民用户的，应承担每次 500 元的违约使用电费；属于其他用户的，应承担每次 5 000 元的违约使用电费。

（6）未经供电企业同意，擅自引入（供出）电源或将备用电源和其他电源私自并网的，除当即拆除接线外，应承担其引入（供出）或并网电源容量 500 元/kW 的违约使用电费。

互联网 + 新业务

339. 如何关注、取消关注国网河北电力微信公众账号？

【答案】（1）关注微信公众号。打开微信，点击“微信”界面，选择右上角的“+”号键，进入“添加朋友”的搜索界面，在查询公众号搜索栏中，输入“hebeidianli”搜索后，出现“国网河北电力”微信公众账号，点击“关注”按钮，进行关注。

（2）取消关注公众号。打开“国网河北电力”对话框，从右上角进入“消息”页面，点击右上角的“...”标志，点击“不再关注”即可。

温馨提示：客户取消关注重新关注后，之前绑定的户号自动解绑，需要重新绑定。

340. 分布式电源项目办理接入系统手续收费吗？

【答案】公司在并网申请受理、项目备案、接入系统方案制订、设计审查、电能表安装、合同和协议签署、并网验收和并网调试、补助电量计量和补助资金结算服务中，不收取任何服务费用。

341. 分布式电源并网适用范围有哪些？

【答案】适用于以下两种类型分布式电源（不含小水电）：

第一类：10 kV 及以下电压等级接入，且单个并网点总装机容量不超过 6 MW 的分布式电源。

第二类：35 kV 电压等级接入，年自发自用电量大于 50 %的分布式电源；或 10 kV 电压等级接入且单个并网点总装机容量超过 6 MW，年自发自用电量大于 50 %的分布式电源。

342. “网上国网” App 是什么？

【答案】“网上国网” App 是国家电网官方互联网服务平台，为用户提供购电、办电等一站式智慧用电服务，功能更加丰富、内容更加完善，用户体验更加流畅。包含住宅、电动车、店铺、企事业、新能源五大服务场景一站式服务。在“网上国网”App 中，客户可以享受一键报修、用能分析、找桩充电、光伏一站式服务等特色办电用电服务。

343. 如何注册“网上国网”App？

【答案】（1）点击“立即注册”文字，输入需要注册的手机号码；

（2）点击“发送验证码”并填写收到的验证码；

（3）点击“下一步”，设置您的登录密码，输入完成后点击“完成”，即注册成功。

344. 如何登录“网上国网”App？

【答案】有三种登录方式，具体如下：

（1）点击场景区域的“立即登录”按钮。

（2）输入已注册的手机号和密码，点击“登录”按钮登录。

（3）点击“手机验证码登录”文字，然后通过手机号和验证码登录。

345. 如何在“网上国网”App 中绑定户号？

【答案】（1）绑定户号前，需要先进行实名认证；

（2）选择您的地区并输入客户编号，点击“立即绑定”按钮，绑定成功。

346. 如何在“网上国网”App 中进行实名认证？

【答案】（1）点击首页下方“我的”，然后点击左上方的头像；

（2）点击“实名认证”文字；

（3）点击“待验证”文字；

（4）拍摄或上传您的身份证人像面、国徽面；

（5）系统会自动识别出姓名及身份证号，点击“提交验证”；

（6）根据页面上的提示，进行人脸识别；

（7）资料验证通过，实名认证成功。

347. 如何在“网上国网”App 中查询电费？

【答案】（1）点击首页的“电费账单”按钮；

（2）点击要查询的月份、户号，就可以看到详细的电费账单了。

348. 如何在“网上国网”App 中缴纳电费？

【答案】（1）点击首页的“去交费”按钮；

（2）点击“添加交费户号”；

（3）选择地区，输入户号，点击“添加”按钮；

（4）勾选户号；

（5）输入交费金额，点击“确认交费”按钮；

（6）确认交费信息并选择支付方式，点击“确认支付”。

349. 如何在“网上国网”App 中开具电子发票？

【答案】（1）点击首页的“更多”按钮；

（2）点击“查询”分类下的“电子发票”按钮；

（3）点击上方的账户名；

（4）选择要开票的户号；

（5）选择要开的发票，点击“开具发票”文字；

（6）确认开票信息，点击“确认开票”按钮；

（7）开票完成，点击“发票详情”文字可查看发票。

350. 如何在“网上国网”App 中进行短信、邮件的订阅及退订？

【答案】（1）点击首页右下角“我的”。

（2）点击“我的订阅”。

（3）选择订阅户号，进入“我的订阅”模块，展示账号下已绑定的户号，若无绑定户号会展示文字“您还未绑定户号，请您先去绑定户号再进行订阅设置”。

（4）选择订阅内容，点击户号卡片，进入对应户号的消息订阅页面。可选择订阅电子账单、电子发票、电量电费通知。短信订阅各类消息情况是依照注册手机号从营销系统匹配的，接收手机号为注册手机号，App 只订阅本账号的短信，短信发送由营销系统侧发送。

（5）邮件订阅：打开电子账单开关，设置邮箱，订阅开关未开启，进行开启操作时，直接进入订阅邮箱号录入页，邮箱号默认为个人信息中的邮箱号，可按需修改。

351. “网上国网”App“故障报修”功能是什么？

【答案】客户通过“网上国网”App 快速录入报修申请信息。客户录入报修申请信息完毕，提交生成"95598 故障报修工单"进行流转，国网客服受理审核，利用营配调贯通成果应用、知识库、大数据分析等支撑，对部分工单进行合并、改派或答复办结。流转进入报修工单池的工单，通过抢单与人工派单相结合的方式进行派单。抢修处理期间，客户可以在线查看故障报修处理进度、抢修人员实时位置信息。抢修结束，客户可对抢修整体服务进行评价。

352. "网上国网" App "我有话说"功能是什么？

【答案】"我有话说"实现了客户在线填写并提交意见、建议、服务申请和表扬等功能。

（1）点击首页→更多→我有话说，进入"我有话说"功能。

（2）进入功能页面后，需要填写联系人姓名、联系电话、联系地址（包括详细地址）、发表的内容并上传资料（目前只支持小于 10 MB 的图片）。一共可上传 9 份资料，采用九宫格排版样式。用户也可通过最下方的"95598 服务热线"和"在线客服"链接发表见解。

353. “网上国网”App“在线客服”功能是什么？

【答案】在线客服为人工在线客服。人工在线客服业务是指在线客服专员通过图、文、语音信息实时接收在线客户诉求，受理掌上电力传统服务、新型服务、公共服务等各类业务，制单办结或转派到相关部门进行处理。服务结束后引导客户对人工服务情况进行评价，征集客户意见，为提升人工客服服务质量提供依据。

354. “网上国网”App 举报是否需要实名制？

【答案】举报可匿名，也可不匿名。

355. “网上国网”App 投诉、举报是否需要上传支撑材料？

【答案】投诉、举报可以上传支撑材料，也可以选择不上传支撑材料。

356. “网上国网”App 支付密码设置流程是什么？

【答案】用户未设置过支付密码，可以按照以下流程进行密码设置：

（1）登录“网上国网”App首页，点击“我的”→“账户与安全”→“密码管理”→“支付密码管理”，即可设置支付密码；

（2）设置支付密码时可选择“6位数字”或“字母加数字”两种模式的密码；

（3）用户需输入两遍支付密码，获取短信验证码并输入，点击“确认”，即可完成设置。

357.“网上国网”App支付密码找回流程是什么？

【答案】用户已设置过支付密码，但忘记了密码，需要重新设置：

（1）登录“网上国网”App首页，点击“我的”→“账户与安全”→“密码管理”→“支付密码管理”，点击“忘记支付密码”。

（2）重置支付密码，需要用户验证身份，用户可选择三种验证方式的其中一种完成验证，具体方式如下。

① 刷脸。用户需之前做过身份证验证，需录入人脸信息进行校验。

② 身份证件号。用户需之前做过身份证验证，用户需输入姓名、身份证号，点击下一步。

③ 银行卡验证。用户可选择已绑定的银行卡或添加新的银行卡，选择后输入相关信息，勾选《快捷支付服务协议》，点击下一步选择一种验证方式，验证成功后，跳转至支付密码修改页面。

（3）用户需输入两遍支付密码，获取短信验证码并输入，点击“确认”，即可完成密码重置。

358. “网上国网”App“意见反馈”功能介绍。

【答案】（1）意见反馈是指客户可以在“网上国网”App 的“我的”模块中，点击“意见反馈”按钮，进入意见反馈页面，选择“反馈类型”，输入反馈内容，上传图片（可不上传），进行提交自己对“网上国网”App 的各种建议。

（2）意见反馈流程如下所示：选择点击一个“反馈类型”，输入反馈内容后，点击上传图片（非必填），在用户已登录时可在输入内容界面和完成界面点击反馈记录，查看提交过的历史记录。

359. 更换手机或手机号码后，“网上国网”App账户余额、积分和红包等资产是否发生变化？

【答案】更换手机或手机号码重新登录“网上国网”App 后，账户余额、红包、积分等将依然可用，不会损失。

360. 办理分布式光伏电源并网需要携带什么资料？

【答案】自然人申请需提供如下资料：

（1）申请人身份证原件及复印件。

（2）房产证（或乡镇及以上级政府出具的房屋使用证明）等项目合法性、支持性文件。

注：①对住宅小区居民使用公共区域建设分布式电源，需要提供物业、业主委员会或居民委员会的同意建设证明；②若委托他人办理业务，还需提供经办人的身份证原件及复印件和授权委托书。

法人申请需提供如下资料：

（1）申请人身份证原件及复印件和法人委托书原件（或法定代表人身份证原件及复印件）。

（2）企业法人营业执照、土地证等项目合法性、支持性文件。

（3）发电项目（多并网点 380/220 V 接入、10 kV 及以上接入）前期工作及接入系统设计所需资料。

（4）政府投资主管部门同意项目开展前期工作的批复（需核准项目）。

（5）用户电网相关资料（仅适用大工业客户）。

注：①合同能源管理项目、公共屋顶光伏项目，还需提供建筑物及设施使用或租用协议；②若委托他人办理业务，还需提供经办人的身份证原件及复印件和授权委托书。

361. 如何根据客户申请分布式光伏发电的报装容量，确定接入电压等级？

【答案】对于单个并网点，接入的电压等级应按照安全性、灵活性、经济性的原则，根据分布式电源容量、导线载流量、上级变压器及线路可接纳能力、地区配电网情况综合比选后确定。分布式电源并网电压等级根据装机容量进行初步选择的参考标准如下：8 kW 及以下可接入 220 V；8 kW～400 kW 可接入 380 V；400 kW～6 MW 可接入 10 kV。最终并网电压等级应综合参考有关标准和电网实际条件，通过技术经济比选论证后确定。

362. 客户能否按照时下的补贴政策与供电公司签订“永久性合同”，以确保补贴金额不会变动？

【答案】不可以。根据国家政策调整的变化，补贴金额不断调整。

363. 客户咨询光伏发电所收金额为什么与电表电量不符？

【答案】结算是按照抄表例日，与打款日期不一致造成。

364. 客户申请的余额上网可否变更为全额上网？

【答案】可以，可办理发电量消纳方式变更业务。对于利用建筑屋顶及附属场地建成的分布式光伏发电项目（不含金太阳等已享受中央财政投资补贴项目），发电量已选择为“全部自用”或“自发自用剩余电量上网”，当用户用电负荷显著减少（含消失）或供用电关系无法履行时，允许其电量消纳模式变更为“全额上网”模式，但不得变更回原模式。

365. 分布式电源项目如何结算？

（《国家电网公司关于印发分布式电源并网服务管理规则的通知》国家电网营销〔2014〕174号）

【答案】（1）分布式电源发电量可以全部自用或自发自用余电上网，由用户自行选择，用户不足电量由电网提供；上、下网电量分开结算，各级供电公司均应按国家规定的电价标准全额保障性收购上网电量，为享受国家补贴的分布式电源提供补贴计量和结算服务。

（2）分布式光伏发电系统自用有余上网的电量，由电网企业按照当地燃煤机组标杆上网电价收购。“全额上网”模式的分布式光伏发电项目，上网电价执行当地光伏电站标杆上网电价。

366. 自2018年6月1日（含）以后，分布式光伏相关政策有何变化？

（《关于2018年光伏发电有关事项的通知》）

【答案】2018年5月31日，国家发展改革委、财政部、国家能源局下发《关于2018年光伏发电有关事项的通知》，根据文件要求：

（1）对于2018年6月1日（含）以后并网的分布式光伏发电项目，河北公司停止垫付国家发电补贴。目前地方政策还未出台，供电公司停止垫付国家发电补贴，支付上网电价每千瓦时0.3644元。

（2）在国家规模内的项目，2018年6月1日（含）以后并网的，采用“自发自用、余电上网”模式的分布式光伏发电项目，全电量度电补贴标准调整为每千瓦时0.32元（含税）；采用“全额上网”模式的分布式光伏发电项目按Ⅲ类资源区光伏电站标杆上网电价执行，调整后为每千瓦时0.7元（含税）。

（3）各地5月31日（含）前并网的分布式光伏发电项目纳入国家认可的规模管理范围，未纳入国家认可规模管理范围的项目，由地方法予以支持。

367. 分布式光伏项目有何优惠政策？

（《国家电网公司关于印发分布式电源并网服务管理规则的通知》国家电网营销〔2014〕174号）

【答案】（1）目前，我省执行国家分布式光伏全电量补贴政策，补贴金额根据消纳方式不同有不同的标准，并对分布式光伏发电自发自用电量免收可再生能源电价附加、国家重大水利工程建设基金、大中型水库移民后期扶持基金、农网还贷资金等4项针对电量征收的政府性基金。

（2）供电公司为自然人分布式光伏发电项目提供项目备案服务。供电企业收到国家财政部拨付补助资金后，根据项目补助电量和国家规定的电价补贴标准转付给项目业主。

368. 电动汽车充换电设施用电执行什么电价标准？

（河北省物价局《关于电动汽车用电价格政策有关问题的通知》冀价管〔2014〕98号）

【答案】（1）对向电网经营企业直接报装接电的经营性集中式充换电设施用电，执行大工业用电价格，2020年前，暂免收基本电费。

（2）其他充电设施按其所在场所执行分类目录电价。其中，居民家庭住宅、居民住宅小区、执行居民电价的非居民用户中设置的充电设施用电，执行居民用电价格中的合表用户电价；党政机关、企事业单位和社会公共停车场中设置的充电设施用电执行“一般工商业及其他”类用电价格。

369. 市内充电桩的充电卡与高速公路快充充电卡是一样的吗？两者可以互用吗？

【答案】可以。车联网充电卡可以在全国贴有国网标识的所有公共充电设施及高速充电设施充电，充电消费不存在地域区别。目前各省充电卡有各自独立号段，车联网平台系统不支持跨省开卡、换卡和销卡，其他充值、充电、解灰、解锁、挂失、补卡、查询等功能均不受限制。

370. 电动汽车充电的服务费标准是什么？

（河北省物价局《关于电动汽车充换电服务费用有关问题的通知》冀价管〔2014〕122号）

【答案】电动汽车充电服务费按充电电度收取，上限标准暂定为：纯电动公交车0.6元/（kW·h）、七座及以下纯电动乘用车和纯电动环卫车1.6元/（kW·h）。

371. 电动汽车充换电设施用电报装业务分为几类？

【答案】分为两类。第一类：居民客户在自有产权或拥有使用权的停车位（库）建设的充电设施。第二类：非居民客户（包括高压客户）在政府机关、公用机构、大型商业区、居民社区等公共区域建设的充换电设施。

372. 客户来电咨询办理电动汽车充换电设施用电需要携带哪些资料？如何答复？

【答案】（1）低压客户：需提供客户有效身份证明；固定车位产权证明或产权单位许可证明；物业出具同意使用充换电设施的证明材料。

（2）高压客户：需提供报装申请单；客户有效身份证明（包括营业执照或组织机构代码证）；固定车位产权证明或产权单位许可证明。

注：上述资料均需提供原件及复印件。

373. 客户来电咨询办理电动汽车充换电设施用电报装业务是否需要收费？

【答案】供电公司在充换电设施用电申请受理、设计审查、装表接电等全过程服务中，不收取任何服务费用，并投资建设因充换电设施接入引起的公用电网改造。电动汽车充换电设施产权分界点至电网的配套接网工程，由电网企业负责建设和运行维护，不收取接网费用。

374. 电动汽车充换电设施用电执行峰谷分时电价吗？

【答案】根据充电的途径不同，执行情况也不同，分为两种：①在用户自建的充电桩充电时执行。②在供电公司自营的充电（站）桩充电时不执行。